国家钒钛产业联盟
NATIONAL ALLIANCE FOR VANADIUM & TITANIUM INDUSTRY

中国钒电池产业发展报告 | 2024

The Chinese Vanadium Redox Battery
Industry Annual Report 2024

主　　编　张邦绪
副 主 编　吉广林（执行）　王晓丽　黄绵延

北　京
冶金工业出版社
2024

内 容 提 要

本报告是目前国内首次聚焦钒电池产业的报告；报告由产业专家集体编制，权威地反映中国钒电池产业特别是 2023 年钒电池产业发展的成绩、存在的问题，提出了针对性强、接地气的对策建议。内容包括国内外钒电池产业发展概况、发展成绩、政策环境、技术进步、项目实施、主要市场主体等。报告具有唯一性和全景性，是了解和指导我国钒电池产业发展的重要资料。

本报告可供各级政府决策与产业管理者、企业决策者和钒电池企业领导、钒电池领域专家，以及高校、科研院所的教授、学者和产业链上下游的企业负责人，金融研究与产业投资者等阅读参考。

图书在版编目(CIP)数据

中国钒电池产业发展报告. 2024 / 张邦绪主编. —北京：冶金工业出版社，2024.5

ISBN 978-7-5024-9871-9

Ⅰ. ①中… Ⅱ. ①张… Ⅲ. ①蓄电池—产业发展—研究报告—中国—2024 Ⅳ. ①F426.61

中国国家版本馆 CIP 数据核字(2024)第 096173 号

中国钒电池产业发展报告 2024

出版发行	冶金工业出版社	**电 话**	（010）64027926
地 址	北京市东城区嵩祝院北巷 39 号	**邮 编**	100009
网 址	www.mip1953.com	**电子信箱**	service@mip1953.com

责任编辑 曾 媛 美术编辑 彭子赫 版式设计 郑小利
责任校对 石 静 责任印制 禹 蕊
北京捷迅佳彩印刷有限公司印刷
2024 年 5 月第 1 版，2024 年 5 月第 1 次印刷
787mm×1092mm 1/16；7 印张；112 千字；103 页
定价 398.00 元

投稿电话 （010）64027932 投稿信箱 tougao@cnmip.com.cn
营销中心电话 （010）64044283
冶金工业出版社天猫旗舰店 yjgycbs.tmall.com
(本书如有印装质量问题，本社营销中心负责退换)

前　言

　　2020 年 9 月，我国提出和实施"双碳"目标。"双碳"目标的一项重要任务就是调整能源结构，构建新型电力系统。这一年新冠疫情突发，对四川钒钛钢铁产业产生冲击，生产经营面临困难；2021 年，新冠疫情的冲击持续加大。2022 年初，我们经过大量调查研究后，及时向四川省委省政府提出了《关于支持我省钒钛钢铁产业稳定运行的建议》，提出要支持钒在非钢领域的应用、发展"钒电池"产业等，《建议》得到省委省政府主要领导的高度重视，并作了重要批示。四川省钒钛钢铁产业协会在安排 2022 年工作时，按照调整能源结构、需要增加新型能源、需要储能、全钒氧化还原液流电池（钒电池）特别适合有高安全性要求的长时大规模储能、四川是全球最大的钒制品供应基地的逻辑，把研究四川省钒电池产业发展列为一项重点工作。为此，我们于 6 月 7 日启动对四川省钒电池产业的系统调研，形成了《关于建设"新能源+钒电池储能"示范项目的调研报告》；我们还先后到北京、上海、沈阳、大连、承德、潍坊、常州、宿迁等地进行专题调研学习；通过在中国钒钛论坛及峰会上设立钒电池专场和组织专项活动，不断加深对钒电池产业的认知，并把汇聚产业力量、助力钒电池产业发展作为一项重要工作。

　　2023 年 5 月，我们向四川省委省政府专题汇报了《关于加快我省钒电池储能产业发展的建议》，再次得到省政府领导的批示。7 月，国家钒钛产业联盟成立，大连融科等国内钒电池龙头企业加入联盟，增强了联盟和协会服务钒电池产业的能力，也赋予了构建钒电池产业发展命运共同体的使命。与此同时，面对钒电池产业的发展与投资问题，我们也开始审视产业发展的机遇和问题，制定了组织全国钒电池头部企业和顶尖团队对钒电池产业进行深度调研的计划，并产生了编制《中国钒电池产业发展报告》（以下简称"《报告》"）的念头。这一构想得到国家发改委产业司，四川省发改委、经信厅和众多钒资源供给及钒电池企业的支持，也成为我们编制《报告》的动力。

　　为保证《报告》"鲜活有用"，本着由"钒电池人编制钒电报告"的原则，我们在行业专家的指导下编制《报告》提纲，通过四川省钒钛钢铁产业协会公众号"招募"报告编制者。令人欣喜的是,这次尝试性的活动,得到钒电池业界的积极响应和大力支持,使一件看似不可能的事情,成为产业的一件大事,让我们充满希望,令人激动。众人拾柴火焰高,来自钒供应、钒电池龙头、关键材料、高校科研院所和平台机构的优秀选手,集聚一堂,分工协作,共同努力,缩短了编制时间,保证了《报告》质量,使其能够在极短的时间内与大家见面。

《报告》在立意上,力求站高望远。从践行国家"双碳"目标、新能源战略,构建新型电力系统,发展壮大钒产业的高度,看新能源及钒电池等新型储能技术路线。在内容上,力求逻辑清晰。按照钒电池是什么、现在怎么样和将来往哪里走的逻辑,重点研究和探寻钒电池作为新型储能技术路线的地位、作用和商业化路径,全面反映钒电池产业发展的现状,回答钒电池的产业定位、技术方向、引领突破等问题。在目标上,力求开卷有益。期望《报告》让产业决策者、从业者、研究者、投资者和关心者能在战略认知、发展脉络上,在行动计划中有收获,形成推动钒电池产业发展的合力。

钒电池作为万亿级规模的战略性新兴产业,是我国加速发展新质生产力的重要代表,面临重大机遇。国家钒钛产业联盟始终坚持"新质储能、钒电强国"使命,努力为保障钒钛资源与产业,以及保障国家能源安全服务;坚持为产业服务的方向,以扩大钒资源在储能领域应用,提升钒产业的战略地位和市场价值;坚持服务企业做大做强的目标,为企业发展寻找新的效益增长点,以促进钒钛产业发展的实效,体现联盟虽"年少"但有"大志"的责任担当。

由于时间仓促,《报告》难免存在疏漏和错误,欢迎大家批评指正。我们期待"急就"的《报告》是产业的"及时雨"和成长的"甘霖",在助推钒电池产业高质量发展中贡献一点力量。

张邦绪

2024 年 4 月

目　　录

第一章
产业概述

我国风光资源发电与负荷逆向分布的特点，决定了我国既需要建设特高压实现电力远距离传输，同时需要合理配置储能，以满足新能源就地消纳、提升外送通道利用率和可再生能源电量占比。另外，需要在电网受端引入储能，以提高电力系统调峰、调频、调压等调节能力，并在电网可能出现大面积停电等突发事故时，提升对重要负荷中心的应急保障能力。新型储能已经成为构建新型电力系统的关键技术与核心装备。

钒电池可实现能量功率解耦，集高安全、时长灵活、扩容方便、循环寿命长、环境友好等特点于一身，是较成熟的长时储能技术之一，越来越受到重视。从目前看，钒电池的"长时间"问题还没有达成统一标准。2021年，美国桑迪亚国家实验室发布《长时储能简报》，把长时储能定义为持续放电时间不低于 4 小时的储能技术；同年，美国能源部发布相关报告，将长时储能定义为额定功率下至少持续运行（放电）10 小时。中国为区分大规模建设的 2 小时储能系统，一般把长时储能定义为 4 小时以上。我们把持续放电 4 小时以上作为钒电池"长时"的标准。

第一节　世界钒电池发展概况

澳大利亚是钒电池研发的先驱国家。早在 1984 年，澳大利亚新南威尔士大学的 Skyllas-Kazacos 教授就提出了钒电池概念，并致力于钒电池技术研究。1986 年，这一创新性的电池体系成功获得专利。紧接着，在 1991 年，该研究小组再次取得重大突破，成功开发出 1 千瓦的钒电池技术系统，奠定了其在该领域的领先地位。此后，澳大利亚的众多研究机构持续深入挖掘，对钒电池相关材料，如隔膜、导电聚合物电极以及石墨毡等进行研究，取得多项专利成果，为钒电池产业发展与应用奠定了基础。

日本对再生能源开发与储能技术充满热情，加大对液流电池技术研发，成功推出多种不同能量密度与规模的液流电池储能系统。1985 年，日本住友电工与关西电力有限公司携手开展液流电池技术研究，开发出包含 24 个 20 千瓦电池组的储能系统。2000 年左右，住友电工所研发的液流电池技术，已应用于办公楼、半导体加工工厂、高尔夫球场以及大学校园等场所，作为高效储能系统发挥着重要作用。

2005 年，在日本的北海道地区，一套 4 兆瓦/6 兆瓦时的钒电池系统与 30 兆瓦的风电场成功实现并网调试，运行了 3 年时间，电池模块实现充放电循环达 27 万次以上。2012 年，住友电工在日本横滨建造了一座由最大发电功率 200 千瓦聚光型太阳能发电设备（CPV）和一套 1 兆瓦/5 兆瓦时钒电池储能系统构成的、与外部商业电网连接的电站，其中液流电池由 1 台 500 千瓦 PCS 和 2 台 250 千瓦 PCS 控制充放电，电池堆由 8 组 125 千瓦并联组成。此外，住友电工还实施了各种工程应用示范项目，其中 2016 年建成 15 兆瓦/60 兆瓦时的储能电站已投运近八年，得到北海道电力公司的高度评价。同时，日本电工实验室与日本 Kashima-Kita 电力公司的合作也取得良好成果，为液流电池技术进步发展起到了推动作用。

德国 Gildmester 公司在 2008 年成功研发出 10 千瓦/100 千瓦时电池系统，并致力于拓展液流电池在偏远地区供电、通讯，以及备用电源等领域应用；加拿大 VRB Power Systems 公司在钒电池系统商业化开发方面成绩斐然，VRB Pewer 也是全球第一个股票公开发行的钒电池公司。2003 年，该公司在澳大利亚 King 岛 Hydro Tasmania 成功建造了风能-柴油机发电与钒电池相结合的发电储能系统，为岛上居民提供可靠的电力保障。该系统的容量为 800 千瓦时，输出功率达到 200 千瓦，充分展现了液流电池在可再生能源领域的应用潜力。2004 年 3 月，VRB Power Systems 公司又为犹他州太平洋电力公司在 Castle Valley 公司建造了 250 千瓦/2 兆瓦时的钒电池系统，经济、有效地实现了电网调峰、电压支撑和电压扰动恢复。2009 年，VRB Pewer 资产，包括知识产权、技术产品、人才团队、品牌等被北京普能完全收购。此外，奥地利 Gildemeister 公司自 2002 年起便致力于钒电池研发，成功推出了 10 千瓦和 200 千瓦两种基础型号电池系统，并能够根据需求灵活构建不同规模的电池系统。这些产品主要与太阳能光伏电池相结合，广泛应用于偏远地区供电、电动车充电站、通讯及备用电源等多个领域。

在北美，钒电池的商业化推广主要由初创公司和小微企业引领，它们在美国能源部等机构支持下展开工作。以 2021 年为例，美国能源部宣布提供 419 万美元的资助，以支持 Largo 公司研究高效的全钒液流电池生产工艺；Storion Energy 和 UniEnergy 等国际知名的新能源技术公司在钒电池领域也取得了突破，推动了钒电池储能技术的产业化进程。此外，美国 UniEnergy Technologies 公司拥有世界领先的混合酸型钒电池技术，承担建造了美国首个兆瓦时级钒电池储能电站，该公司与融科储能公司结成战略合作联盟，近年来在美国、意大利、澳大利亚等地实施了约 14 兆瓦时的储能系统项目。

钒电池的产业化开发与应用吸引了越来越多的研究单位与企业的目光，众多的钒电池示范项目纷纷签约落地。例如，2021 年，知名钒生产商 Bushveld Minerals 宣布在南非投资建设一座年产 200 兆瓦时的钒电解液生产厂；同年，北美 Avalon Battery 和英国公司 RedT Energy 合并成立 Invinity Energy Systems 公司，也成功签约苏州市吴江区钒电池系统生产制造项目，推动了钒电池示范项目的应用与普及。

海外的钒电池产业起步较早，但受技术和需求等制约，实施的项目还不多，应用规模还不大，很多钒电池企业面临破产倒闭或被并购重组。目前主要由几个关键公司引领，包括住友电工和 Invinity 等；中国钒电池产业的快速发展，给全球钒电池产业注入活力、带来希望，推动了全球钒电池技术的突破和商业化进程，为清洁能源的可持续发展提供了战略支撑。

第二节　中国钒电池产业发展历程

我国对钒电池的基础研究起步较早，于 20 世纪 80 年代末开始研究钒电池技术，中国地质大学及北京大学都建立了钒电池实验室模型。中国工程物理研究院研制了碳塑电极并开展了钒电池正极电解液的浓度及添加剂对正极反应的影响，国际上首次采用注塑工艺生产导流框和导电塑料，国内首个发表钒电池研究论文，1995 年研制出 500 瓦、1 千瓦的样机，并拥有电解质溶液制备、导电塑料成型等专利。此后，中国科学院大连化学物理研究所、大连融科储能技术发展有限公司、北京普能世纪科技有限公司、清华大学、中国科学院沈阳金属所、中南大学等多家机构开始从事钒电池的研发工作。通过关键核心技术攻关和自主创新，针对钒电池关键材料、高性能电堆和大规模储能系统集成等关键环节，取得了一系列技术突破，完成了从实验室基础研究到产业化应用的发展过程，推进了钒电池在发电侧、输电侧、配电侧及用户侧的示范应用。

大连融科储能技术发展有限公司在我国钒电池领域具有领航地位，作为牵头单位联合中科院大连化学物理研究所、清华大学等国内储能技术领域的优势科研院所、知名大学、电网企业等组成团队承担了包括国家科技部重点研发项目以及国家发改委、工信部等国家级重点专项。该公司在关键材料开发、电解液批量化生产、电堆与系统设计、密封与组装技术、测试方法、循环操作等方面均进行了系统研究，取得技术突破和实践经验。该团队研发的 10 千瓦钒电池系统于 2006 年通过辽宁省科技厅的成果鉴定。2008 年，该团队在国内率先研制成功 10 千瓦电池模块和 100 千瓦级钒电池系统。在应用示范方面，大连融科钒电池储能技术应用领域涉及分布式发电、智能微网、可再生能源发电，以及电网调峰等，在国内外率先实现产业化，标志着我国液流电池储能技术达到了国际领先水平。2012 年，大连融科当时全球最大规模的 5 兆瓦/10 兆瓦时钒电池储能系统研发成功，并在龙源电力股份有限公司位于辽宁省沈阳市法库县卧牛石风电场（50 兆瓦）实施示范应用，至今已稳定运行超过 11 年，是全球运行时间最长的钒电池储能系统（图 1-1）。2016 年大连融科承担国家能源局批复的大连液流电池储能调峰电站国家示范项目建设，电站一期工程（100 兆瓦/400 兆瓦时）于 2022 年 5 月进入单体模块调试阶段，2022 年 10 月并网运行，是目前全球最大规模的液流电池储能电站。

2006 年，承德新新钒钛储能科技有限公司开始进行钒电池研究，作为一家成立 18 年的钒电池企业，新新钒钛致力于对钒电池全产业链科研攻关，是"国家 863 项目"实施单位、"国家国际科技合作计划"实施单位、"国家科技支撑计划"实施单位和"河北省液流电池技术创新中心"；北京普能世纪科技有限公司成立于 2007 年 1 月，是我国较早成立的钒电池

电堆单元　　　　　　　　　　　电解液储存单元

电池管理系统　　　　　　　　　　PCS系统

图 1-1　　大连融科 5 兆瓦/10 兆瓦时全钒液流电池储能系统

储能公司。该公司已在全球十几个国家和地区,包括中国、美国、斯洛伐克、韩国、西班牙、印度尼西亚、南非、肯尼亚等,成功安装运营了 7 个兆瓦级、近 50 个千瓦级储能项目,应用于可再生能源发电平滑输出、跟踪计划发电、削峰填谷、需求响应、投资递延、分布式发电、海岛供电、智能微电网等领域;2020 年,乐山伟力得能源集团在新疆投资阿克苏建设第一个储能装备制造基地,项目总投资约 7 亿元,建设 4 万平方米的高水平自动化数字工厂,致力于钒电池装备生产能力的提升;2022 年,液流储能科技有限公司在山东潍坊,规划建设 2 吉瓦全钒液流电池生产线(一期)项目,可实现年产 300 兆瓦新型钒电池自动化验证线及储能电站集成装备。该公司致力于打造全国乃至全球储能产业新高地,截至目前,已在潍坊、通辽、克拉玛依三个地区布局规划钒电池自动化产线,可实现 1 吉瓦的年生产能力。2023 年,艾博特瑞能源科技(苏州)有限公司在苏州吴江区成功启动了首条钒电池智能产线,并推动钒电池在用户侧的应用,取得良好效果。此外,2023 年,北京睿能世纪科技有限公司、北京绿钒新能源科技有限公司与枣阳市人民政府签约,将在枣阳市投资建设全国首个钒电池储能光储用一体化项目——湖北中钒枣阳市 100 兆瓦/215 兆瓦时钒液流混合钛酸锂储能电站试点示范项目；四川天府储能科技有限公司等也加入全钒液流电池储能产业化领域，推动中国钒电池产业不断壮大发展。

在碳达峰、碳中和大背景下，随着国家能源战略实施和国际博弈加剧，钒电池储能系统的价值逐步得到认识，产业资本和大批优秀企业跨界进入钒电池产业，包括新兴铸管、海螺洁能、宿迁时代、美淼储能等，成为钒电池领域的重要推动力量。目前，我国钒电池产业已经进入商业化初期阶段，产业竞争力和产业规模不断增强，为钒电池产业壮大发展奠定了坚实基础。

第三节　钒电池产业链

钒电池产业发展至今，已经形成了"上游材料＋中游技术开发及产品集成＋下游应用"产业链。产业链上游包括提钒、五氧化二钒生产，以及电堆制造的原料生产；中游包括电解液、电堆、电控系统等的生产和系统整装；下游主要为应用方（图1-2）。

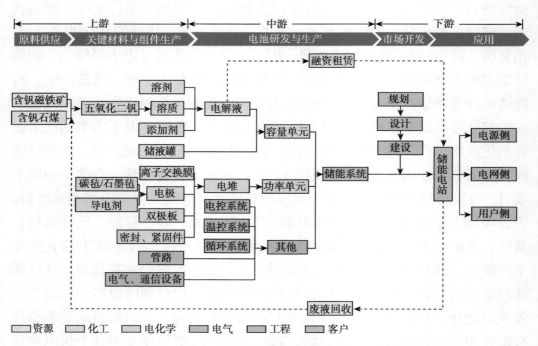

图 1-2　钒电池产业链构成

数据来源：中和储能微信公众号

一、上游产业

钒是钒电池最核心的上游材料。同时，由于钒电解液的成本占钒电池成本的 50%左右（储能时长越长、占比越高），钒的获取和持续稳定的供应，以及电解液制备成本，对钒电池的普及应用有着重要影响；在其他关键材料与组件供应方面，上游产业还包括生产电堆所需的各类膜材料、双极板材料和电极材料等，其成本和性能对钒电池的质量、效率和竞争力等也十分重要。

从全球看，钒供应企业主要集中在中国。我国的五氧化二钒获取方式，包括钒渣提钒、石煤提钒和二次资源提钒，钒渣及钒渣处理企业主要分布在四川攀西、河北承德等地区，包括攀钢集团、河钢集团、建龙集团、川威集团、德胜集团、达钢集团等企业，钒渣产能规模相差较大，在 6 万～50 万吨/年不等。2023 年，我国的钒渣产量为 164.8 万吨（折 V_2O_5 13.4 万吨）；石煤提钒企业主要分布在陕西、湖北、河南、甘肃等地，产能（折 V_2O_5）在 0.1 万～0.6 万吨/年不等。2023 年，石煤提钒产量 1.2 万吨；二次资源提钒企业主要分布在四川、山东、陕西、福建及辽宁等地，2023 年，二次资源提钒产量 1.6 万吨。

生产钒电池关键材料的企业，主要包括生产电极材料的辽宁金谷、江油润生、嘉兴纳科、江苏普向、四川骏瑞等企业，生产隔膜（质子交换膜）的山东东岳、苏州科润、液流储能、辽宁科京、武汉绿动等企业，生产塑料复合双极板的上海弘枫实业、南京旭能瀚源等企业，生产双极板的主要包括嘉兴纳科、威海南海碳材、山东瑞昇、美森储能、华熔科技、科旸新材料、佛山瑞能达、青岛杜科、上海弘俊等企业，钒电池所需要的关键材料已基本实现了国产化供应。

二、中游产业

中游产业是钒电池产业链的核心环节，是钒电池发挥作用的保障与支撑力量。上游提供的钒和关键材料等，被用于制备钒电解液和电堆等，经过精密组装和调试，形成钒电池储能系统；中游还负责对电池系统的集成和测试工作，以满足不同应用场景的需求；中游产业的技术水平和生产能力，直接决定和影响钒电池的质量和竞争力。这一环节的企业，一般都具有良好的经济实力、较强的研发实力和产业基础，工艺技术装备开发与质量控制能力强。

钒电池中游企业，包括钒电解液的制造供应商大连融科、银峰新能源、液流储能、川发兴能、承德祥钒等企业，以及攀钢集团、河钢集团、建龙集团、川威集团等资源型企业向下游的扩展生产；钒电池的电堆、电控系统制造商主要包括大连融科、上海电气、普能世纪、液流储能、新新钒钛、北京绿钒、天府储能、开封时代、星辰新能、国润储能等。电控系统主要由各钒电池企业自己生产；此外，钒电池的中游产业链企业，还包括储存罐、管泵阀、传感器等制造商。

三、下游产业

下游产业是钒电池产业链的应用环节，即钒电池市场及用户。钒电池已经在电网、新能源发电、智能电网、工商业储能等多个领域得到应用。下游企业与中游企业紧密合作，不断拓展钒电池应用领域，并根据市场需求引导中游企业技术创新和产品迭代。下游产业的需求和应用效果，直接影响钒电池的市场规模和增长速度。

随着产业的发展，钒电池企业为保障资源供给和成本可控，积极推动与应用端的合作与协同，努力构建全产业链和共赢机制，对产业发展起到了重要推动作用。

钒电池的下游企业，主要包括电源侧、电网侧和用户侧三个场景。电源侧企业主要是为新能源配储，其作用是平滑发电曲线、跟踪发电计划，改善新能源并网电能质量，提高电力系统对新能源的消纳能力；电网侧包含调峰调频、黑启动等；用户侧主要用于工商业的削峰填谷、需求响应、应急电源等。

第四节　钒电池的产业定位

不同的储能技术路线拥有不同的应用场景，大规模长时储能需要本征安全、技术适合、与用户需求匹配的电池。钒电池以其自身的特点，产业主要定位于有高安全性需求、规模化、长时间尺度的储能。

随着新能源的增加和新型电力系统的构建，储能需求呈现多元化、多层次特征，除大规模、长时的能量型储能外，还有其他储能需求。从目前情况看，符合上述要求可用于大规模长时储能技术路线，包括抽水蓄能、压缩空气、储热和液流电池等；有些我们所熟知的电池，自身性能优良、产业链成熟、成本较低，但不应属于长时、大规模储能应用领域，典型的包括锂离子电池等，受本征安全性限制，更适合于小规模、短时长的储能应用，如在动力领域的应用，已经构建了不可替代的优势。钒电池作为目前较成熟的储能技术路线，则更适合于大规模长时储能。随着钒电池技术愈加成熟，产品可靠性不断提高，成本不断降低，经过多应用场景的示范与技术性、经济性验证，钒电池能够满足商业化运作的要求，会成为大规模长时储能重要的技术路线。

第五节　中国钒电池产业的优势

中国钒电池产业在竞争中成长，规模化应用持续推进，产业优势逐渐显现。一是在"双碳"目标推动下，市场需求不断增加，国家和地方政府大力支持钒电池产业发展，支持力度大且精准有效，钒电池发展环境持续优化。例如，2024 年 4 月，四川省经济和信息化厅等 6 部门印发的《促进钒电池储能产业高质量发展的实施方案》，作为全国首个支持钒电池产业发展的专项政策，力求建立"政府主导、企业实施、多端合作、示范先行、综合施策"的钒电池产业发展体系，并明确了到 2027 年的钒电池储能产业发展目标，对四川省钒电池产业发展具有重要的推动和引领作用，对中国钒电池产业发展具有积极的借鉴作用；二是关键技术和商业模式不断创新，产业特色鲜明，是钒资源高端利用的重要载体，具有较高的技术壁垒，是电力能源、资源和金融属性的耦合体，呈现新质生产力特征，战略地位和战略价值不断显现，发展呈现加快趋势；三是中国钒电池产业资源可控、技术可控、产业链可控，产业基础雄厚，经过近几年的持续应用和规模化应用，可靠性不断增强，能够承担起安全、长时、大规模储能的责任；四是一批龙头骨干企业不断成长，成为世界级优势企业，一批新锐企业不断涌现，各路资本不断加持，预示着中国钒电池产业依托超大规模的资源保障能力、领先世界的应用技术和超大规模的市场需求，正在成为具有全球竞争力的战略性新兴产业。

第二章
产业发展

2023 年，中国钒电池产业承继 2022 年的发展势头，呈现加速之势。龙头企业积极推进产能建设和项目实施，很多跨界企业纷纷加入钒电池行列，资本加快进入，主要钒电池企业达到 100 多家，形成了政府支持、企业主体、技术引领、资本推进的商业化趋势，缔造了独一无二的发展环境，已经成为引领世界钒电池产业发展的关键力量。

第一节　装机容量与项目交付

2023 年，全国累计发电装机容量约为 29.2 亿千瓦，同比增长 13.9%。其中，太阳能发电装机容量约 6.1 亿千瓦，同比增长 55.2%；风电装机容量约 4.4 亿千瓦，同比增长 20.07%。按此计算，太阳能发电和风电装机容量占比达到 39.5%。2023 年，风电发电量和太阳能发电量，分别占到总发电量的 10.08% 和 8.35%，合计达 18.4%；我国新型储能投运超过 3000 万千瓦，装机规模达 3139 万千瓦/6687 万千瓦时，较 2022 年底增长超过 260%，近 10 倍于"十三五"末装机规模。

2023 年，中国新型储能新增装机 21.4 吉瓦，超过 2022 年的 3 倍；2018—2023 年，平均复合增速为 84.2%（图 2-1）；在新增储能装机中新型储能占比 80.2%，首次大幅超过抽水蓄能。在新型储能中，锂电池（磷酸铁锂电池）占比达到 99.3%，增加 1.9%，飞轮储能占比 0.3%，液流电池占比 0.2%；其他技术路线的装机量更少。

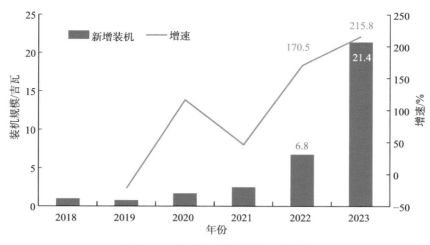

图 2-1　中国储能新增装机规模

据统计，2023 年钒电池新增装机 0.05 吉瓦左右，较之 2022 年大连恒流储能电站并网带来的钒电池百兆瓦级增量，新增装机下降 33%，新增装机不及预期；钒电池产值在 3.25 亿元左右。截至 2023 年底，钒电池总装机量 0.21 吉瓦以上。其中，大连融科并网项目占比最高。

根据中关村储能联盟数据库统计，2022 年和 2023 年完成交付并网或运行的钒电池项目见表 2-1。

2023 年新增装机较 2022 年下降的主要原因是，2022 年投运的项目是过去多年来项目的集中释放。从 2023 年度发布的公开招投标信息情况统计见表 2-2，含集采招标规模总计 927.5 兆瓦/3912.5 兆瓦时，其中项目招标 427.5 兆瓦/1912.5 兆瓦时，项目规模远超 2022 年前十几年的总和；随着新项目的开工建设，一些项目将从 2024 年陆续建成投运，预示钒电池产业进入加速增长期。从 2023 年度中标的项目和实施启动的项目来看，龙头企业如大连融科等占据绝对领先地位。

规划中的钒电池项目达到 300 兆瓦的有 5 家，其中，大连融科 500 兆瓦，寰泰储能 365 兆瓦，液流储能 400 兆瓦以上，开封时代、大力电工和北京绿钒均为 300 兆瓦。百兆瓦级别项目开工的有 4 个，分别为大连融科承担的三峡吉木萨尔 200 兆瓦/1000 兆瓦时钒电池储能电站项目，上海电气吉林白城 100 兆瓦/600 兆瓦时钒电池储能电站项目、普能世纪湖北襄阳 100 兆瓦/500 兆瓦时钒电池储能电站项目、大力电工枣阳 200 兆瓦/800 兆瓦时钒电池新型储能电站试点示范项目一期。

表 2-1 2022 年和 2023 年完成交付并网或运行的钒电池项目

项目名称	项目所在州/省	项目所在市	项目所在区县	项目状态	最新更新时间	功率规模/千瓦	储能容量/千瓦时	储能技术(大类)	储能技术(细分)	应用领域	应用场景
大连液流电池储能调峰电站一期	辽宁	大连		运行	2022 年 5 月	100000.00	400000.00	液流电池	全钒液流电池	电网侧	独立储能
杭锅集团崇贤厂区智慧储能电站项目	浙江	杭州	临平区	运行	2023 年 6 月	1000.00	4000.00	液流电池	全钒液流电池	用户侧	工业
全钒液流电池储能低碳校园光储充一体化示范工程	山西	朔州	怀仁市	运行	2022 年 1 月	25.00	100.00	液流电池	全钒液流电池	用户侧	EV 充电站
乌兰察布源网荷储技术研发试验基地一期-10	内蒙古	乌兰察布		运行	2022 年 4 月	25.00	100.00	液流电池	全钒液流电池	电源侧	储能+光伏+风电
潍坊滨海经济开发区盐酸基全钒液流电池储能电站一期	山东	潍坊	滨海经济开发区	运行	2022 年 7 月	1000.00	4000.00	液流电池	全钒液流电池	用户侧	产业园
华润电力鄄城源网储一体化示范项目-2	山东	菏泽	鄄城县	运行	2023 年 5 月	1000.00	2000.00	液流电池	全钒液流电池	电网侧	独立储能
中核郯城101兆瓦/204兆瓦时储能电站项目-2	山东	临沂	郯城县	运行	2022 年 12 月	1000.00	4000.00	液流电池	全钒液流电池	电网侧	独立储能
台儿庄台阳100兆瓦/200兆瓦时电网侧储能项目-2	山东	枣庄	台儿庄区	运行	2022 年 12 月	1000.00	2000.00	液流电池	全钒液流电池	电网侧	独立储能
海螺枞阳储能电站项目	安徽	铜陵	枞阳县	运行	2022 年 12 月	6000.00	36000.00	液流电池	全钒液流电池	用户侧	工业
平煤神马力化工公司全钒液流电池安全生产保障储能电站项目	河南	平顶山		运行	2023 年 4 月	24000.00	96000.00	液流电池	全钒液流电池	用户侧	工业

续表 2-1

项目名称	项目所在州/省	项目所在市	项目所在区县	项目状态	最新更新时间	功率规模/千瓦	储能容量/千瓦时	储能技术（大类）	储能技术（细分）	应用领域	应用场景
开封时代全钒液流电池储能示范电站项目	河南	开封	顺河回族区	运行	2023 年 1 月	6000.00	24000.00	液流电池	全钒液流电池	用户侧	工业
宁波海螺新材料储能工程项目	浙江	宁波	镇海区	运行	2023 年 1 月	1000.00	6000.00	液流电池	全钒液流电池	用户侧	工业
和达能源杭州医药港液流储能电站项目	浙江	杭州	钱塘区	运行	2022 年 11 月	500.00	2000.00	液流电池	全钒液流电池	用户侧	产业园
山东德晋新能源科技有限公司-2	山东	烟台	龙口市	运行	2022 年 6 月	500.00	2000.00	液流电池	全钒液流电池	用户侧	工业
普能张北液流电池示范项目	河北	张家口		运行	2022 年 12 月	1000.00	4000.00	液流电池	全钒液流电池	电网侧	变电站
浙江温州宏丰用户侧储能项目	浙江	温州		运行	2023 年 12 月	2000.00	12000.00	液流电池	全钒液流电池	用户侧	工业
四川德阳 120 千瓦/240 千瓦时全钒液流电池储能项目	四川	德阳		运行	2023 年 7 月	120.00	240.00	液流电池	全钒液流电池	用户侧	产业园
寰泰瓜州北大桥白杨 100 兆瓦风电项目	甘肃	酒泉	瓜州	运行	2023 年 12 月	15000.00	60000.00	液流电池	全钒液流电池	电源侧	储能+风电
新兴铸管股份有限公司 50 千瓦/200 千瓦时全钒液流电池	河北	邯郸	武安市	运行	2023 年 12 月	50.00	200.00	液流电池	全钒液流电池	用户侧	工业
大连市城市景观照明（一期）工程（135 千瓦/540 千瓦时）	辽宁	大连		运行	2022 年 12 月	865	3460	液流电池	全钒液流电池	用户侧	市政机关/关键场所
杭州佳和电气 0.5 兆瓦/2 兆瓦时储能项目	浙江	杭州		运行	2022 年 12 月	500	2000	液流电池	全钒液流电池	用户侧	工业

表 2-2　2023 年度发布的公开招投标信息情况统计

序号	招标时间	项目名称	功率/兆瓦	容量/兆瓦时	中标单位
1	2023 年 4 月 1 日	国家电投诸城 1 兆瓦/6 兆瓦时全钒液流电池系统设备采购	1	6	液流储能科技有限公司
2	2023 年 9 月 26 日	中节能太阳能股份有限公司察布查尔县 75 兆瓦/300 兆瓦时全钒液流电池储能系统	75	300	大连融科储能技术发展有限公司
3	2023 年 9 月 26 日	黑龙江华永 50 兆瓦/200 兆瓦时共享储能项目	50	200	大连融科储能技术发展有限公司
4	2023 年 10 月 17 日	国家电投山东绿能东明 100 兆瓦/200 兆瓦时储能电站项目全钒液流电池 1 兆瓦/4 兆瓦时电池系统设备采购	1	4	大连融科储能技术发展有限公司
5	2023 年 10 月 30 日	国家电力投资集团有限公司物资装备分公司、电能易购（北京）科技有限公司二〇二三年度储能系统电商化采购（集采招标）	250	1000	上海电气（安徽）储能科技有限公司 液流储能科技有限公司 大连融科储能技术发展有限公司 北京和瑞储能科技有限公司
6	2023 年 11 月 5 日	麻阳县 100 兆瓦/400 兆瓦时储能电站项目 EPC 工程总承包	100	400	四川恒哲建筑工程设计有限公司 湖南经研电力设计有限公司 大连融科储能技术发展有限公司
7	2023 年 11 月 2 日	广州高新区能源技术研究院有限公司 500 千瓦/2500 千瓦时全钒液流储能电池系统研制及示范项目	0.5	2.5	寰泰储能科技股份有限公司
8	2023 年 11 月 9 日	中核汇能有限公司 2023—2024 年度储能集中采购公开招标标段一（集采招标）	250	1000	大连融科储能技术发展有限公司 寰泰储能科技股份有限公司 四川伟力得能源股份有限公司 中车株洲电力机车研究所有限公司 北京星辰新能科技有限公司
9	2023 年 12 月 8 日	三峡能源新疆吉木萨尔光储 200 兆瓦/1000 兆瓦时项目	200	1000	大连融科储能技术发展有限公司
	项目合计（不含集采招标）		427.5	1912.5	
	项目合计（含集采招标）		927.5	3912.5	

第二节　钒资源保障

2023 年，我国五氧化二钒产能 24.1 万吨，产量 16.2 万吨。分品种来看，偏钒酸铵产能 83760 吨，产量 23810 吨，产能利用率 28.4%；粉钒产能 38760 吨，产量 13490 吨，产能利用率 34.8%；片钒（含 V_2O_3）产能 249240 吨，产量 126980 吨，产能利用率 50.9%；钒铁合金产能 129360 吨，产量 44280 吨，产能利用率 34.2%；钒氮合金产能 141480 吨，产量 50440 吨，产能利用率 35.6%。从采购量看，进入储能领域的钒在 12500 吨左右，占比 10.9%，但从项目实施和电解液产量看，实际消耗量较低。

中国钒资源的供给能力显示出巨大的弹性和潜力。除传统的以钒渣和石煤提钒的钒生产企业外，一大批企业加入钒生产领域，进一步强化了钒资源供给和对钒电池需求的保障能力，一些钒电池企业还延展产业链，也加入钒生产领域。2023 年，永泰能源通过德泰储能收购汇宏矿业 65% 股权，进入钒产业；新疆喀什的两个钒钛磁铁选矿厂建设项目用地获得批复，相关钢厂复产后积极备战提钒；鞍钢国贸、锦州钒业与水钢集团洽谈钒渣精深加工合作；酒钢在哈密建设球团厂，把提钒摆上议事日程；上海易连拟投资 2 亿元开拓钒冶炼新业务；秦皇岛佰工钢铁稳步推进年产 1 万吨 V_2O_5 项目；黑龙江建龙西林钢铁公司有望新增 1.5 万吨 V_2O_5 产能；玉龙股份 1.36 亿元控股收购陕西山金矿业楼房沟钒矿采矿权；四川达州钢铁从普矿冶炼全面转向钒钛冶炼；中核钛白投资 12 亿开发哈密综合利用尾矿渣及低品位钒钛磁铁矿项目；永泰能源敦煌方山口平台山磷钒矿资源开发与利用项目开工；湖南海利收购古丈县钒矿、招募钒冶炼项目合作方，打造全钒液流电池产业链等。同时，云南玉溪玉昆、曲靖双友、曲靖呈钢、三棉达升、四川润诚智元、四川创源、吉林金钢、广恒钢联、辽宁宝铂、秦皇岛宏兴等，也在 2023 年加入提钒与生产钒制品行列，仅钒渣产量就较 2022 年增加 19.4 万吨；朝阳鑫鸣利用朝阳低铁高钒高钛型钒钛磁铁矿资源提取五氧化二钒技术取得突破。同时，钒二次资源利用步伐也不断加快，从氧化铝、石油焦、硫酸法钛白粉生产废酸中的提钒量不断增加。根据相关预测，中国丰富的钒资源、多元化的钒来源和较强的生产供给能力，能够保证钒供给与钒需求的动态平衡，保障钒电池产业需要。

第三节　钒电解液制备

　　国内钒电解液制备能力与钒电池的商业化步伐基本同步。2023 年，钒电解液项目加快建设，产能持续增加，但实际产量并不高。从用钒量、项目并网规模和相关企业的数据看，2023 年钒电解液产量 7.5 万立方米左右，实际使用 1.6 万立方米左右（不含出口）。

　　2023 年，以降低钒电池初始投资成本为目标的钒电解液租赁持续推进；并在 2024 年初得到实施，从应用结果看，效果明显。2024 年 2 月，安徽海螺洁能科技有限公司以 138.60 万元/年的价格中标获港海螺 3 兆瓦/18 兆瓦时钒电池电解液租赁服务项目；获港海螺 3 兆瓦/18 兆瓦时全钒液流电池项目其他设备部分于 2023 年由安徽海螺建材设计研究院有限责任公司和大连融科储能技术发展有限公司联合体中标，中标价格 2698.955 万元，折合单价 1.499 元/瓦时。若以 6%折现率计算，电解液租赁按服务期三年计算，获港海螺 3 兆瓦/18 兆瓦时钒电池项目初始电解液投资成本约为 370.48 万元，加上设备价格 2698.955 万元，项目初始投资成本总计约为 3069.435 万元，单价约 1.71 元/瓦时。若按服务期 5 年、10 年和 20 年计算，该项目单价约 1.82 元/瓦时、2.07 元/瓦时和 2.38 元/瓦时。

　　从杭州德海艾科能源科技有限公司对钒电池在用户侧储能盈利分析和运行案例看，该公司的预制舱式储能电站，用户在峰谷套利、需量电费管理、不间断供电时，通过将电解液作为一种可更换的能源储存介质进行租赁，只需购买电解液以外的设备，可以降低用户初建成本，实现项目盈利，10 小时的长时储能投资回收期较非电解液租赁模式减少近 50%，产业价值和应用潜力巨大。

第四节　成本与价格

一、钒电池的成本构成

　　钒电解液占钒电池的成本最高。对于 4～20 小时储能系统，电解液的成本约占 50%～80%；在 4 小时储能系统中，电堆是钒电池的主体部件，在钒电池成本中占比约为 25%，其核心材料为离子交换膜、电极和双极板。降低电堆成本的主要途径是优化电堆结构，在保持电堆能量转化效率不低于 80% 的条件下，提高电堆的电流密度，即提高电堆的额定电流密度。同时，优化材料采购和成本控制；电控系统和其他附件成本占比约为 25%（图 2-2）。

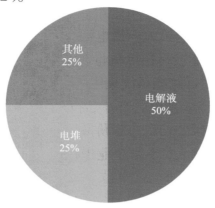

图 2-2 全钒液流电池系统成本构成

数据来源：《液流电池电堆与关键材料技术和成本降低方案》
《全钒液流电池的产业链发展》（张华民，2022）、亚化咨询

钒电池的容量与功率相对独立，当功率不变时，增加储能时长只需增加电解液容量，其他部分基本不变。基于 2021 年的数据和 10 万元/吨的五氧化二钒原料，当储能时长 1 小时时，钒电池的价格为 7500 元/千瓦时，而当储能时长增加到 4 小时，价格下降到 3000 元/千瓦时（图 2-3）。总体来看，钒电池降低成本的路径和方向是十分清晰的，实施电解液租赁、增加储能时长、扩大应用规模等，都是钒电池价格下降的重要措施，也说明钒电池在长时领域更具竞争优势。

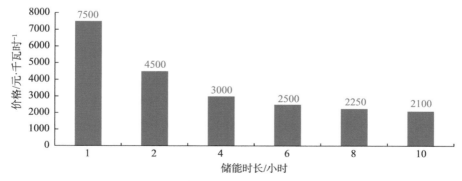

图 2-3 不同储能时长全钒液流电池储能系统的价格

数据来源：《全钒液流电池的技术进展、不同储能时长系统的价格分析及展望》
（张华民，2022）、亚化咨询

二、钒电池的价格

钒电池的价格与储能时长、计量点位置、当期钒价水平、转换效率等技术要求密切相关。不同情况下电池配置不同，价格相差较大。但总体上随着技术进步和产业规模的扩大，钒电池的价格呈现持续下降趋势。

2022 年，钒电池储能项目招标数量较少，以 11 月《中核汇能有限公司 2022—2023 年新能源项目储能系统集中采购（标段一）中标候选人公示》为例，1 吉瓦时钒电池储能系统共有 5 名投标人成为中标候选人。其中，大连融科储能技术发展有限公司以总报价 265040 万元，折合单价 2.650 元/瓦时，成为第一中标候选人，5 家企业中标方报价区间在 2.20～3.62 元/瓦时，平均报价为 3.102 元/瓦时。

2023 年，钒电池储能系统全年平均价格约 2.83 元/瓦时。其中，4 小时的钒电池招标项目投（中）标单价在 2.198～3.701 元/瓦时范围内，如果 EPC 项目按 20%扣除工程造价，投（中）标单价在 1.758～3.208 元/瓦时范围内。

2024 年 3 月，上海勘测设计研究院有限公司、中建三局集团有限公司、大连融科储能技术发展有限公司联合体中标三峡能源新疆吉木萨尔光储项目 200 兆瓦/1000 兆瓦时全钒液流储能设计施工总承包项目，折合单价 1.929 元/瓦时。该项目功率和容量计量点在充电侧，储能时长为 5 小时，是目前单价最低的钒电池 EPC 项目，也是首个低于 2 元/瓦时的吉瓦时级别大规模储能项目；也预示着钒电池价格还有一定的下降空间。

第五节　产　业　标　准

当前国内外液流电池相关标准主要涉及液流电池本体以及基于液流电池的电化学储能电站。能源行业液流电池标准化技术委员会（NEA/TC23）、全国燃料电池及液流电池标准化技术委员会（SAC/TC342）和全国电力储能标准化技术委员会（SAC/TC550）是液流电池相关标准制定的技术委员会。

从液流电池技术本体角度看，我国液流电池标准体系按照政策接轨、系统协调、国际接轨的原则，建立了覆盖全钒、铁铬、锌基等技术路线的液流电池标准体系，覆盖"基础、通用、设备/材料与部件、安装调试及运行维护、回收管理"等领域（图 2-4）。截至 2023 年底，已发布的液流电池相关标准共计 59 项。其中，国际标准 3 项，国家标准 22 项，行业标准 26 项，已初步建立了满足我国液流电池技术及产业发展的标准体系。在已发布的标准中，全钒液流电池相关标准占比达 57%最大，锌基液流电池与铁铬液流电池分别占比 32% 和 11%；按零部件维度划分，系统相关标准占据主要地位占比 34%，其次是电堆和电解液，均占比 14%（表 2-3～表 2-5）。

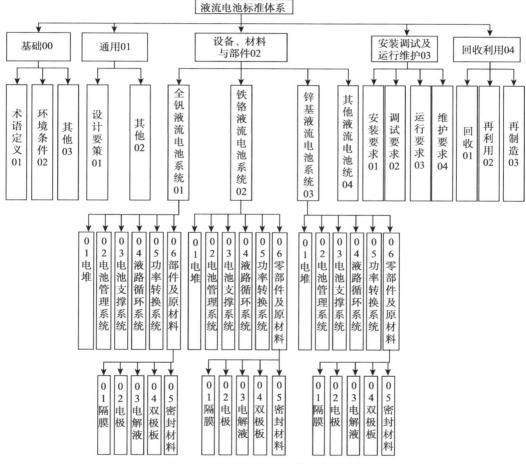

图 2-4　液流电池标准体系架构图

在电力储能方面，目前现有的相关标准主要涉及规划设计类、设备及试验类、施工及验收类、并网及检测类运行与维护类等 5 个方面，对于我国电化学储能的发展起到了很好的指导和规范作用，确保了我国化学储能的规范化发展（图 2-5 和表 2-6）。

表 2-3　颁布的国际标准

序号	标准编号	标 准 名 称
1	IEC 62932-2-1	*Flow Battery Systems for Stationary Application—Part 2-1 Performance General Requirement & Method of Test* 《固定式领域用液流电池　第 2-1 部分：通用性能要求与测试方法》
2	IEC 62932-1	*Flow Battery Systems for Stationary Applications—Part 1 General Aspects, Terminology and Definitions* 《固定式领域用液流电池　第 1 部分：通用方面，术语与定义》
3	IEC 62932-2-2	*Flow Battery Systems for Stationary Applications—Part 2-2 Safety Requirements* 《固定式领域用液流电池　第 2-2 部分：安全要求》

表 2-4　颁布的国家标准

序号	标准编号	标 准 名 称
1	GB/T 29840—2013	《全钒液流电池术语》
2	GB/T 32509—2016	《全钒液流电池通用技术条件》
3	GB/T 34866—2017	《全钒液流电池安全要求》
4	GB/T 33339—2016	《全钒液流电池系统测试方法》
5	GB/T 43512—2023	《全钒液流电池可靠性评价方法》
6	GB/T 36549—2018	《电化学储能电站运行指标及评价》
7	GB/T 40090—2021	《储能电站运行维护规程》
8	GB/T 36548—2018	《电化学储能接入电网测试规范》
9	GB/T 36547—2018	《电化学储能接入电网技术规定》
10	GB/T 36558—2018	《电力系统电化学储能系统通用技术条件》
11	GB 51048—2014	《电化学储能电站设计规范》
12	GB 11920—2008	《电站电气部分集中控制设备及系统通用技术条件》
13	GB/T 42315—2023	《电化学储能电站检修试验规程》
14	GB/T 42726—2023	《电化学储能电站监控系统技术规范》
15	GB 51048—2014	《电化学储能电站设计规范》
16	GB/T 34131—2023	《电力储能用电池管理系统》
17	GB/T 43528—2023	《电化学储能电池管理通信技术要求》
18	GB/T 42318—2023	《电化学储能电站环境影响评价导则》
19	GB/T 42737—2023	《电化学储能电站调试规程》
20	GB/T 42717—2023	《电化学储能电站并网性能评价方法》
21	GB/T 42312—2023	《电化学储能电站生产安全应急预案编制导则》

表 2-5 颁布的行业标准

序号	标准编号	标 准 名 称
1	NB/T 10092—2016	《全钒液流电池用橡胶类密封件技术条件》
2	NB/T 11062—2023	《全钒液流电池电堆技术条件》
3	NB/T 11063—2023	《全钒液流电池用电解液 回收要求》
4	NB/T 11064—2023	《锌基液流电池系统 测试方法》
5	NB/T 11065—2023	《锌基液流电池 安全要求》
6	NB/T 11066—2023	《锌基液流电池 安装技术规范》
7	NB/T 11067—2023	《铁铬液流电池用电解液技术规范》
8	NB/T 11203—2023	《全钒液流电池用碳塑复合双极板技术条件》
9	NB/T 33015—2014	《电化学储能系统接入配电网技术规定》
10	NB/T 33014—2014	《电化学储能系统接入配电网运行控制规范》
11	NB/T 42090—2016	《电化学储能电站监控系统技术规范》
12	NB/T 42006—2013	《全钒液流电池用电解液 测试方法》
13	NB/T 42007—2013	《全钒液流电池用双极板测试方法》
14	NB/T 42080—2023	《全钒液流电池用离子传导膜通用技术条件和测试方法》
15	NB/T 42081—2016	《全钒液流电池单电池性能测试方法》
16	NB/T 42082—2016	《全钒液流电池电极测试方法》
17	NB/T 42132—2017	《全钒液流电池电堆测试方法》
18	NB/T 42133—2017	《全钒液流电池用电解液技术条件》
19	NB/T 42134—2017	《全钒液流电池管理系统技术条件》
20	NB/T 42144—2018	《全钒液流电池维护要求》
21	NB/T 42145—2018	《全钒液流电池安装技术规范》
22	NB/T 42135—2017	《锌溴液流储能系统通用技术条件》
23	NB/T 42146—2018	《锌溴液流电池电极、隔膜、电解液测试方法》
24	DL/T 1815—2018	《电化学储能电站设备可靠性评价规程》
25	DL/T 1816—2018	《电化学储能电站标识系统编码导则》
26	DL/T 2528—2022	《电力储能基本术语》

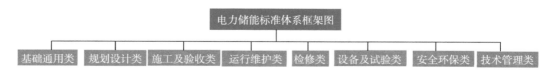

图 2-5 电力储能标准体系框架图

表 2-6 电力储能标委会标准体系表

编号	标准类别	储能类别	标 准 名 称	标准类型	标准号/计划号
1	基础通用类	各类型储能	《电力储能系统术语》	国家标准	GB/T 42313—2023
2			《电力储能基本术语》	行业标准	DL/T 2528—2022
3			《电力储能安全标识》	国家标准	待计划
4			《电力储能电气图形及文字符号》	国家标准	待计划
5		电化学储能	《电化学储能电站标识系统编码导则》	行业标准	DL/T 1816—2018
6			《电化学储能系统溯源编码规范》	行业标准	DL/T 2082—2020
7	规划设计类	电化学储能	《电化学储能电站设计规范》	国家标准	GB/T 51048—2014
8			《电力系统配置电化学储能电站规划导则》	国家标准	20214764-T-524
9			《电化学储能电站环境影响评价导则》	国家标准	GB/T 42318—2023
10			《电化学储能电站接入电网设计规范》	行业标准	DL/T 5810—2020
11			《分布式储能接入电网设计规范》	行业标准	DL/T 5816—2020
12			《电化学储能电站初步设计内容深度规定》	行业标准	DL/T 5861—2023
13			《电化学储能电站施工图设计内容深度规定》	行业标准	DL/T 5862—2023
14			《电化学储能电站可行性研究报告内容深度规定》	行业标准	DL/T 5860—2023
15			《电化学储能电站防火设计规范》	行业标准	待计划
16			《户用电化学储能系统设计规范》	行业标准	能源 20230483
17			《电力用氢储能电站设计规范》	行业标准	待计划
18			《电化学储能电站概算定额》	行业标准	2023 年计划
19			《电化学储能电站建设预算项目划分导则》	行业标准	2023 年计划
20			《电力储能项目工程量清单计价规范》	行业标准	2023 年计划
21			《电力储能项目工程量清单计算规范 第 1 部分：电化学储能电站》	行业标准	2023 年计划
22			《电力储能电站建设预算编制导则》	行业标准	2023 年计划
23			《电化学储能电站可再生能源制氢项目可行性研究报告编制规程》	行业标准	2023 年计划
24		物理储能	《飞轮储能电站设计规范》	行业标准	待计划
25			《压缩空气储能电站设计规范》	行业标准	能源 20230261
26			《压缩空气储能电站可行性研究报告编制规程》	行业标准	能源 20230486
27			《压缩空气储能电站工程初步设计报告编制规程》	行业标准	能源 20230487
28			《压缩空气储能电站施工图设计内容深度规定》	行业标准	2023 年计划
29			《压缩空气储能电站地下储气库选址导则》	行业标准	2023 年计划
30			《压缩空气储能电站工程地质勘察规范》	行业标准	能源 20220418

编号	标准类别	储能类别	标 准 名 称	标准类型	标准号/计划号
31	规划设计类	物理储能	《压缩空气储能电站地下高压储气库设计规范》	行业标准	能源 20220419
32			《压缩空气储能电站建设预算项目划分导则》	行业标准	2023 年计划
33		电磁储能	《超导储能电站设计规范》	行业标准	待计划
34			《超级电容器储能电站设计规范》	行业标准	待计划
35	施工及验收类	电化学储能	《电化学储能电站施工及验收规范》	国家标准	建标〔2013〕6 号文，序号 32
36			《电化学储能电站启动验收规程》	国家标准	20214757-T-524
37			《电化学储能电站并网验收技术规范》	行业标准	能源 20230484
38			《户用电化学储能系统验收规范》	行业标准	能源 20230489
39			《电力用氢储能电站施工及验收规范》	行业标准	待计划
40			《氢储能电站启动验收规程》	行业标准	2023 年计划
41		物理储能	《飞轮储能电站施工及验收规范》	行业标准	待计划
42			《压缩空气储能电站机组启动验收规程》	行业标准	2023 年计划
43			《压缩空气储能电站施工及验收规范》	行业标准	待计划
44		电磁储能	《超导储能电站施工及验收规范》	行业标准	待计划
45			《超级电容器储能电站施工及验收规范》	行业标准	待计划
46	运行维护类	电化学储能	《电化学储能系统接入电网运行控制规范》	国家标准	20214761-T-524
47			《电化学储能系统接入配电网运行控制规范》	国家标准	20214758-T-524
48			《电化学储能电站运行维护规程》	国家标准	GB/T 40090—2021
49			《储能电站黑启动技术导则》	国家标准	20214756-T-524
50			《液流电池储能电站检修规程》	行业标准	能源 20210355
51			《氢储能电站运行维护规程》	行业标准	2023 年计划
52			《氢储能电站储氢系统运行规程》	行业标准	能源 20220422
53		物理储能	《飞轮储能电站运行维护规程》	行业标准	待计划
54			《压缩空气储能电站运行维护规程》	行业标准	DL/T 2619—2023
55		电磁储能	《超导储能电站运行维护规程》	行业标准	待计划
56			《超级电容器储能电站运行维护规程》	行业标准	待计划
57	检修类	电化学储能	《电化学储能电站检修规程》	国家标准	GB/T 42315—2023
58			《电化学储能电站检修试验规程》	国家标准	20214754-T-524
59			《液流电池储能电站检修规程》	行业标准	能源 20210355
60			《电力用氢储能电站检修规程》	行业标准	待计划

续表 2-6

编号	标准类别	储能类别	标 准 名 称	标准类型	标准号/计划号
61	检修类	物理储能	《飞轮储能电站检修规程》	行业标准	待计划
62			《压缩空气储能电站检修规程》	行业标准	待计划
63		电磁储能	《超导储能电站检修规程》	行业标准	待计划
64			《超级电容器储能电站检修规程》	行业标准	待计划
65	设备及试验类	电化学储能	《电力系统电化学储能系统通用技术条件》	国家标准	20214760-T-524（修订 GB/T 36558—2018）
66			《电化学储能系统接入电网技术规定》	国家标准	20212969-T-524（修订 GB/T 36547—2018）
67			《电化学储能系统接入电网测试规范》	国家标准	20212969-T-524（修订 GB/T 36548—2018）
68			《电力储能用锂离子电池》	国家标准	20214482-T-524（修订 GB/T 36276—2018）
69			《电力储能用铅碳电池》	国家标准	20214747-T-524（修订 GB/T 36280—2018）
70			《电力储能用钠离子电池》	国家标准	2023 年计划
71			《电力储能用电池管理系统》	国家标准	GB/T 34131—2023
72			《电化学储能系统储能变流器技术规范》	国家标准	20214762-T-524（修订 GB/T 34120—2017）
73			《储能变流器检测技术规程》	国家标准	20214766-T-524（修订 GB/T 34133—2017）
74			《分布式储能集中监控系统技术规范》	国家标准	GB/T 42316—2023
75			《用户侧电化学储能系统接入配电网技术规定》	国家标准	20214750-T-524
76			《用户侧电化学储能系统接入配电网测试规程》	行业标准	能源 20200490（修订 NB/T 33015—2014）
77			《电化学储能电站监控系统技术规范》	国家标准	GB/T 42726—2023
78			《电化学储能电站监控系统现场试验验收规程》	行业标准	能源 20210743（修订 NB/T 42090—2016）

编号	标准类别	储能类别	标 准 名 称	标准类型	标准号/计划号
79			《预制舱式锂离子电池储能系统技术规范》	国家标准	20214759-T-524
80			《电化学储能电站监控单元与电池管理系统通信协议》	行业标准	DL/T 1989—2019
81			《电化学储能电池管理通信技术要求》	国家标准	20214767-T-524
82			《电力储能用梯次利用锂离子电池系统技术导则》	行业标准	DL/T 2315—2021
83			《电力储能用锂离子电池退役技术要求》	国家标准	20214481-T-524
84			《电力储能用梯次利用锂离子电池再退役技术条件》	行业标准	DL/T 2316—2021
85			《移动式电化学储能系统技术要求》	国家标准	20214743-T-524（修订 GB/T 36545—2018）
86			《企业移动式储能电站通用规范》	国家标准	GB/T 42715—2023
87			《电化学储能电站建模导则》	国家标准	GB/T 12716—2023
88		电化学储能	《电化学储能电站模型参数测试规程》	国家标准	20214752-T-524
89			《电化学储能系统建模导则》	行业标准	能源 20200099
90	设备及试验类		《电化学储能系统模型参数测试规程》	行业标准	能源 20200100
91			《参与辅助调频的电源侧电化学储能系统并网试验规程》	行业标准	DL/T 2579—2022
92			《参与辅助调频的电源侧电化学储能系统调试导则》	行业标准	DL/T 2581—2022
93			《电池储能系统储能协调控制器技术规范》	行业标准	能源 20210256
94			《电力储能用直流动力连接器通用技术要求》	行业标准	能源 20210258
95			《电力储能直流耦合系统技术规范》	行业标准	能源 20230485
96			《智能储能电站技术导则》	国家标准	20214749-T-524
97			《电化学储能电站调试规程》	国家标准	20214763-T-524
98			《氢储能电站调试规程》	行业标准	2023 年计划
99			《电力储能用飞轮储能系统技术规范》	国家标准	20221625-T-524
100			《电力储能用飞轮技术规范》	国家标准	20230046-I-524
101			《电力调频用飞轮储能系统调试规范》	国家标准	2023 年计划
102		物理储能	《压缩空气储能电站调试规程》	行业标准	2023 年计划
103			《压缩空气储能电站效率指标计算方法》	行业标准	能源 20230180
104			《压缩空气储能电站人工洞室储气库稳定性数值分析导则》	行业标准	2023 年计划
105			《压缩空气储能电站换热系统技术要求》	行业标准	2023 年计划
106			《压缩空气储能电站膨胀机基本技术条件》	行业标准	2023 年计划

续表 2-6

编号	标准类别	储能类别	标 准 名 称	标准类型	标准号/计划号
107	设备及试验类	物理储能	《压缩空气储能电站监控系统技术要求》	行业标准	2023 年计划
108			《电力储能用压缩空气储能系统技术要求》	国家标准	20212967-T-524
109			《压缩空气储能电站接入电网技术规定》	国家标准	2023 年计划
110		电磁储能	《电力储能用超导储能系统》	行业标准	待计划
111			《电力储能用超级电容器》	行业标准	DL/T 2080—2020
112			《电力储能用超级电容器试验规程》	行业标准	DL/T 2081—2020
113	安全环保类	电化学储能	《电化学储能电站安全规程》	国家标准	GB/T 42288—2022
114			《电化学储能电站危险源辨识技术导则》	国家标准	GB/T 42314—2023
115			《电化学储能电站应急预案编制导则》	国家标准	GB/T 42312—2023
116			《电化学储能电站应急演练规程》	国家标准	GB/T 42317—2023
117			《电化学储能电站安全规范（强标）》	国家标准	2021 年计划
118			《储能电站安全标志技术规范》	国家标准	2023 年计划
119			《电化学储能电站应急物资技术导则》	国家标准	2023 年计划
120			《电化学储能系统锂离子电池系统安全评价规程》	行业标准	待计划
121			《电化学储能电站水电解制氢系统安全规程》	行业标准	2023 年计划
122			《电力用氢储能电站安全工作规程》	行业标准	待计划
123		物理储能	《飞轮储能电站安全工作规程》	行业标准	待计划
124			《压缩空气储能电站安全工作规程》	行业标准	待计划
125		电磁储能	《超导储能电站安全工作规程》	行业标准	待计划
126			《超级电容器储能电站安全工作规程》	行业标准	待计划
127	技术管理类	电化学储能	《储能电站技术监督导则》	行业标准	DL/T 2580—2022
128			《电化学储能电站安全监测信息系统技术规范》	国家标准	20221624-T-524
129			《电化学储能电站运行指标及评价》	国家标准	GB/T 36549—2018
130			《电化学储能电站后评价规范》	国家标准	20212968-T-524
131			《电化学储能电站设备可靠性评价规程》	行业标准	能源 20230966（修订 DL/T 1815—2018）
132			《电化学储能电站并网性能评价方法》	国家标准	GB/T 42717—2023
133			《电化学储能电站经济评价导则》	行业标准	能源 20230481
134			《电厂侧储能系统调度运行管理规范》	行业标准	DL/T 2314—2021
135			《用户侧储能并网管理规范》	国家标准	20214748-T-524
136			《参与辅助调频的电厂侧储能系统并网管理规范》	行业标准	DL/T 2313—2021

编号	标准类别	储能类别	标 准 名 称	标准类型	标准号/计划号
137	技术管理类	电化学储能	《电化学储能用锂离子电池状态评价导则》	行业标准	能源 20200491（修订 NB/T 42091—2016）
138			《电力储能用锂离子电池监造导则》	国家标准	20214480-T-524
139			《电力储能用锂离子电池管理系统监造导则》	行业标准	能源 20210353
140			《新型储能电站统计技术导则》	行业标准	能源 20230188
141			《储能电站监控及自动化技术监督规程》	行业标准	2023 年计划
142			《储能电站继电保护和安全自动装置技术监督规程》	行业标准	2023 年计划
143			《储能电站电能质量技术监督规程》	行业标准	2023 年计划
144			《电化学储能电站节能技术监督规程》	行业标准	2023 年计划
145			《储能电站测量技术监督规程》	行业标准	2023 年计划
146			《储能电站绝缘技术监督规程》	行业标准	2023 年计划
147			《电化学储能电站建（构）筑与技术监督规程》	行业标准	2023 年计划
148			《储能电站环境保护技术监督规程》	行业标准	能源 20220420
149			《储能电站化学技术监督规程》	行业标准	能源 20220421
150		物理储能	《飞轮储能电站技术监督导则》	行业标准	待制定
151			《压缩空气储能电站技术监督导则》	行业标准	待制定
152			《压缩空气储能电站经济评价导则》	行业标准	能源 20230482
153		电磁储能	《超导储能电站技术监督导则》	行业标准	待制定
154			《超级电容器储能电站技术监督导则》	行业标准	待制定

第六节　问题与对策

一、效率需要提升

从国家光伏、储能实证实验平台学术委员会主任发布的 2023 年度国家光伏、储能实证实验数据成果获悉，钒电池系统效率不含厂用电为 70.9%，含厂用电为 63.5%，厂用电中的空调损耗占总损耗的比率较高，为总损耗的 93.43%。2023 年与 2022 年相比，钒电池储能系统充放电效率（不含厂用电）下降 0.55 个百分点。钒电池电堆直流侧效率可达到 80%，但钒电池系统交流侧效率仅 65% 左右。究其原因，是系统层面损耗较高，其中泵功损耗

3%～6%，散热损耗 4%～7%，逆变损耗 5%～8%，旁路电流损耗 1%～5%，系统效率总体偏低。值得说明的是，该应用场景属于极寒地区，为了保证系统可靠运行，必须增加一些保温措施，导致系统效率低；同项目的锂电池效率也比其他区域的锂电池效率低 5～10 个百分点，也是因为热管理原因。

应对策略：（1）提高电堆效率，进而提高钒电池系统效率，不含厂用电达到 75%以上；（2）优化管道系统设计，同时降低平衡泵功损耗及旁路电流损耗；（3）提高运行温度，采用高效散热技术，降低散热损耗，拓宽其使用温度，进而降低空调损耗，使得厂用电不高于 3%；（4）开发大功率钒电池模块，匹配大功率逆变器，消除二级逆变，降低逆变损耗。

二、技术需要突破

钒电池寿命要达到 25 年关键看电堆，目前电堆制造还存在密封水平需要改善、材料性能需要优化、活性需要强化和效率需要提高等问题；同时，钒电池存在单个电堆运行性能优越、整个储能系统、稳定性和效率需要提高。在钒电池的运维方面，包括容量恢复、仪表传感器校正、更换、电堆维护等，也需要完善和提高。

目前，市场上的钒电池储能项目反映较多的问题，包括漏液问题，以及稳定运行问题。电堆漏液的原因比较复杂，包括各个厂家的电堆结构、封装密封工艺路线存在一定问题，不合格的工艺会导致电堆在开始运行或短时间运行后发生泄漏；还有一种是由于使用密封圈或某种焊接结构，在电堆使用一段时间后，密封材料老化或焊接界面发生变化而导致泄漏；另外，还有一种是由于大型液流电池系统使用多电堆的串并联结构，天生具有一些环流和内漏电流存在，这些问题控制不好会对电堆双极板产生电化学腐蚀而导致电堆失效渗漏；或者在使用过程中，电堆内部的流体或电流分布不均匀，导致内部双极板结构被破坏，严重的也会产生电堆被破坏而发生泄漏。解决电堆的漏液问题是保证钒电池可靠运行的一个基本条件，而要彻底解决该问题，需要各厂商设计、制造出合格的电堆，也要全行业进行某些技术突破，解决共性问题。

应用对策：（1）从设计制造方面充分考虑提高效率和解决跑冒滴漏等问题，研究开发高可靠性、效率更高的电堆和电堆密封技术；（2）电堆结构设计、材料选型和装配工艺要更重视稳定性，保障钒电池能够安全运行 25 年，并提出预判和解决方案；（3）构建科学完善的钒电池运营维护方案，抑制副反应，明晰容量衰减机制，开发容量自动化恢复方案等，以提高钒电池效率、降低维护率和维护成本。

三、成本需要降低

一方面，钒电池处于商业化初期，产品研发费用较高，且技术还在不断完善中，需持续投入，造成了研发成本较高；另一方面，钒电池生产制造工艺和设备均系定制化，工艺和设备还未完全定型，修改频繁，造成生产线建设费用较高。同时，零部件制造水平需要完善，关键材料因规模较小采购单价偏高，导致电堆和系统制造成本较高；还存在电解液价格较高、利用率较低等问题，导致钒电池制造成本、销售价格和储能电站初始投资较高，影响市场竞争力和抢占更大的市场份额。

应对策略：（1）培育龙头和骨干企业，提高技术水平和制造能力，做到核心部件自己造，关键生产线标准化，提高行业竞争力；（2）推动产业链优化，增强产业链韧性、壮大产业生态，降低隔膜、电极、双极板等材料价格，实现产业链降成本；（3）优化电堆结构，开发高活性电极，提升电堆性能，优化电解液配方，提升钒电解液利用率，实现系统降成本。

四、标准需要进一步完善

产业发展，标准先行。目前，液流电池领域可以参考的国家标准和行业标准还不完善，需建立健全标准体系。主要表现在，受产业不成熟影响，标准体系尚在建设中；因标准缺乏，企业产线建设、技术开发、生产设备制造与生产、技术指标设定与披露等"各弹各的调"，影响产业生产和智能化制造，也给产品认证带来困难；因缺乏标准和估值模型等，影响金融、资本和拟进入企业对行业的判断，不利于产业投资和融资；我国钒电池产业标准化弱和企业参与国际标准制订的力度小，影响钒电池企业和产品走出去参与国际竞争。

应对策略：（1）从顶层出发，梳理标准情况，做好标准制订规划，推动液流电池标准化工作，完善规划设计、设备及实验、安装调试、运行维护、回收利用等标准体系。同时，规范电解液、离子膜等关键材料等的技术标准与技术规范；（2）头部企业应发挥引领和龙头作用，积极参与国际液流电池技术行业标准制订工作，争取将我国技术国际化，增强钒电池产业的国际话语权，构建形成我国钒电池在国际市场的整体形象；（3）按照与国际接轨的原则，研究建立液流电池标准体系，结合我国标准化实际，调整标准体系架构，增加团体标准；（4）钒电池标准体系的完善要综合考虑储能产业发展现状、市场应用需求、技术研究水平等多方面因素制订，标准要成为钒电池产业发展的重要引领力量；（5）开展液流电池储能系统合格评定标准工作，以满足液流电池上下游建立质量标准体系的需求。

为推进中国钒电池产品国际化，强化和完善与国际接轨的标准日益重要。如对钒电池需求较大的美、德、澳、日等国家，涉及大量严苛的安全标准及认证程序，标准化和满足标准要求十分重要；同时，标准也是打造品牌、推进产品向高端化迈进的重要途径，需要相关钒电池企业做好充分准备。

五、商业模式需要创新

钒电池储能运行主要采用"投资＋运营"模式，造成业主方投资压力大、投资回报周期长，钒电池企业需要进行高额垫资，考验企业的资金筹措能力；投资项目聚集在发电侧和用户侧，发电侧主要依赖限电时段的弃电量存储，用户侧依赖峰谷价差实现套利和电费管理，均存在定价、补偿机制不完善等问题。受初始投资较高和钒电池企业垫资额较大等影响，直接影响钒电池商业化进程；被业界看好和呼声较高的钒电解液租赁模式，受多因素影响，只在一些企业内部或局部实施，难以对降低产业初始投资成本产生广泛影响。

应对策略：推动共享储能模式建设，由第三方投资建设集中式大型独立储能电站，除满足自身需求外，为其他需要存储的企业等提供服务，将分散的电源侧、电网侧、用户侧需要储存的资源进行整合，并交由电网等统一协调，降低新能源电站弃电量，并参与电力辅助服务市场，提高了储能电站利用率和电网系统调节能力，增强储能电站盈利能力，冲抵投资较大带来的储能电站回收较长和单一项目初始投资较大等矛盾。目前，共享储能模式的盈利方式包括调峰服务补偿、峰谷价差套利（参与电力现货市场交易）、容量租赁、容量补偿等；同时，推动构建由资源方、资本方和钒电解液生产制造商组成的钒电解液租赁平台，为降低钒电池初始投资成本和提高钒电池储能电站盈利能力服务。

2023 年，钒电池产业存在的问题和不足，集中地指向了钒电池市场尚需成熟。一是整个产业以少数项目推进为主，大数量及规模化项目相对滞后，规模化市场还没有完全显现。二是项目集中于发电侧和电网侧储能应用，更大规模、更适合市场化运作的工商业用户侧商业化运作有待推进。三是很多项目来源于新能源强配政策驱动及产业化落地投资交换获得，完全市场化、商业化的钒储项目十分有限，"政策市"特征明显，钒电池产业的内化能力有待挖掘；百兆瓦级项目和吉瓦级项目出现，落地需要多种要素支撑。为此，人们对钒电池在 2024 年的表现充满期待。

　　先完成，再完美。中国钒电池产业已经完成从"从 0 到 1"的突破，依托产业齐心协力降成本、产品快速迭代、性能持续优化，以及难以复制的产业链优势，加之有完整的工业体系产生强大的外溢效应，一定能够解决和满足产业存在的问题，支撑和促进钒电池产业迎来发展的春天！

第三章
政策解读

在全球普遍关注气候变化、应对气候变化挑战、推动能源结构转型等背景下，光伏和风能发电，以及由此必然引发的对储能的刚性需求，受到前所未有的关注；我国为实现"双碳"目标，提出要构建以新能源为主体的新型电力系统。制定政策，发展和支持储能特别是长时储能产业已经成为世界趋势。

第一节　国际重要政策

一、欧美国家政策

美欧等发达经济体的储能政策主要聚焦 2030 年实现储能技术突破、建立具有全球竞争力的储能产业，以及允许储能企业参与电力市场等，认为开发低成本长时储能是提高电网效率和安全性的关键措施。

美国。美国鼓励多元化储能技术路线发展，特别重视部署和支持长时储能技术发展。美国能源局（DOE）于 2023 年 3 月发布了题为《长时储能商业起飞之路》的报告，旨在加速下一代长时储能技术开发和商业化部署。报告指出，美国电网可能需要约 60～460 吉瓦长时储能容量，实现 2035 年"净零经济"目标，预计资本投入为 3300 亿美元。DOE 将持续放电不低于10 小时的储能技术定义为长时储能。

早在 2018 年，美国联邦能源管理委员会就发布了第 841 号命令，要求制定市场规则，使能源储存系统能更充分地参与电力市场，使所有者可以获得全部服务范围的补偿。当年，加利福尼亚州政府宣布，2030 年可再生能源占比达到 60%，2045 年实现 100% 清洁能源，并将支持 20 个长时储能项目的快速发展与成长。2019 年，美国能源局发布的《最佳储能技术法案》（the BEST Act），针对电网规模储能的技术研发与示范项目支持，提到侧重发展持续放电至少 6 小时的高度灵活储能系统、持续放电 10~100 小时的长时储能系统和持续放电数周甚至数月的季节性储能系统；纽约州政府宣布将在 2040 年实现 100% 的无碳电力要求，并为长时储能项目提供 3.8 亿美元的财政支持。2020 年 12 月，美国能源局再度发布《储能大挑战路线图》，加快推进下一代储能技术的研发设计、生产制造和应用部署，试图建立美国在储能领域的全球领导地位。在《储能大挑战路线图》中，明确提出储能降本的中长期目标：到 2030 年，将长时固定储能（至少 12 小时）的平均成本降至 0.05 美元/千瓦时。

美国政府注资支持长时储能技术研发制造，财政扶持力度渐强。2021 年 9 月，美国能源局发起"长时储能攻关"计划，提出争取在 10 年内将储能时长超过 10 小时的系统成本降低 90% 以上，将电化学储能、机械储能、储热、化学储能等各种储能技术路线纳入考虑范围。2021 年底，美国能源部征求了一个 105 亿美元的智能电网和其他升级方案意见，以加强电力网络。其中，25 亿美元用于电网弹性，30 亿美元用于智能电网，50 亿美元用于电网创新；2022 年 11 月，美国能源部宣布给予储能时长 10~24 小时的储能系统 3.49 亿美元的资金资助，计划选出 11 个示范项目，这些长时储能项目有可能推动实现长时储能成本降低 90% 的目标。2023 年 9 月 14 日，美国能源部能效和可再生能源办公室（EERE）宣布，为 5 个项目投入 1600 万美元，以提升国内固态电池和液流电池制造能力，助力实现净零排放目标。

欧洲。欧洲储能产业发展较为完善，市场化动力充足。2019 年 5 月，欧洲储能协会（EASE）发布了启动和促进储能部署的 10 项建议。其中，第 10 项建议提出，要着重支持长期储能技术，应该开发基于市场需求的有效解决方案，以创建一个部署更长时间储能的框架，使可再生能源在欧洲电网中渗透率更高；2022 年 5 月 18 日，为应对能源危机、实现能源独立，欧盟委员会公布了"REPower EU（欧盟重新供能）"能源计划细则。细则提出，储能技术是基于欧盟自身可再生能源资源提供清洁可靠的备用能源，以替代天然气发电厂的解决方案。欧洲储能协会提出到 2030 年必须从电力部门消除天然气发电量，以符合欧盟制定的 55% 的温室气体减排目标。

在资金扶持方面，2022 年 2 月，英国商业、能源和工业战略部（BEIS）

宣布拨款 3960 万英镑，用于支持英国创新性长时储能技术项目。目前，已经筛选出的首批 24 个项目，资金支持总额为 670 万英镑，包含钒电池等多种技术路线；2022 年底，欧洲委员会提出了《数字化能源系统》欧盟行动计划，委员会预计到 2030 年，将有约 5840 亿欧元（6330 亿美元）的投资用于欧洲电力网，其中约有 1700 亿欧元（1840 亿美元）用于数字化建设，以支持储能在欧洲的发展。

澳大利亚。2022 年 6 月，澳大利亚能源市场运营商（AEMO）发布 2022年综合系统计划（ISP），提出为实现"净零排放"，到 2050 年需要将用于公用事业规模的可再生能源容量增加 9 倍，分布式光伏容量增加近 5 倍，对具有调节作用的储能需求也将大幅增长。澳大利亚国家电力市场（NEM）提出，利用不同类型的储能调节电力平衡，其中中等时长储能（储能时长 4～12 小时）和长时储能（储能时长大于 12 小时），2050 年装机规模将分别达到 9 吉瓦/70 吉瓦时和 4 吉瓦/111 吉瓦时。ISP 的发布，可以更好地引导储能投资方向，降低可再生能源消纳成本，提升电力系统可靠性和安全性；为了与 2050 年实现"净零排放"的承诺相匹配，澳大利亚政府制定了"澳大利亚能源计划"，确保全国能源安全。2022—2023 年财政预算中包含了一项为期 6 年的 4580 万澳元的基金，用于实施该计划。

加拿大。2022 年，加拿大通过其智能电网计划投资 1 亿美元，支持智能电网技术和智能集成系统的部署。

法国。2022 年 8 月，法国政府投资 10 亿欧元用于可再生能源创新项目，作为 2030 年国家投资计划的一部分。最终目标是到 2050 年将可再生能源装机容量增加到 100 吉瓦，是目前的 10 倍。

德国。2023 年，德国政府宣布决定拨款数十亿欧元通过"碳差额合同"（CCfD）计划向高能耗行业提供资金支持。所有减少二氧化碳排放并将生产转向环保型生产的企业都有资格从该计划中受益，并且可以独立于其生产规模获得资助。高能耗行业将通过气候保护协议获得补偿，以覆盖它们进行生产转型所需的额外成本。

二、亚洲国家政策

韩国。韩国曾经在储能领域全球领先，正推进一项重建新战略，以重现优势。2021 年 8 月，韩国通过了《碳中和法案》（"气候变化的碳中和绿色增长法案"），成为第 14 个承诺在 2050 年实现碳中和的国家，并于 2021

年 9 月 24 日立法。该法案要求，政府在 2030 年将温室气体排放量从 2018 年水平削减 35%或更多，并包括支持政策，以实现 2050 年的碳中和目标。

该计划被称为"储能系统（ESS）"战略，计划到 2036 年将韩国打造为第三大储能出口国。韩国通过长期合同等电力市场试点鼓励新增装机。按时长划分，韩国产业通商资源部的目标是到 2036 年的长时储能目标为 4 小时、6 小时和 8 小时储能系统的总装机容量达 20.85 吉瓦/118.76 吉瓦时。

日本。2022 年，日本宣布设立一项 20 万亿日元（1550 亿美元）的基金，以鼓励投资新的电网技术、节能住宅和其他减少碳足迹的技术，重点放在智能电网以及区域电网之间更好地连接上。

印度。2022 年，印度推出了一项 3.03 万亿卢比（368 亿美元）的方案，用于现代化和加强配电基础设施，包括强制安装智能电表，预计到 2025 年将覆盖 2.5 亿台设备。

印度尼西亚。2023 年 5 月，印尼能源和自然资源部在其预算中拨款了 94.4 亿印尼卢比，用于在最不发达地区开发光伏屋顶板，以加速利用清洁能源提供电力。另外，还拨款了 5004.5 亿印尼卢比用于发展太阳能路灯（31075 个单位）。

从发展储能产业的实践看，国家间很难直接抄"作业"。因各个国家的资源禀赋、电力工业基础、市场环境等各不相同，政策制定和发展路径也大有不同。从全球角度关注和研究储能政策，借鉴成功经验，推动中国储能产业发展，十分重要和必要。

2022 年底，世界银行集团与多边投资担保机构（MIGA）、国际金融公司（IFC）和其他发展机构宣布了一个倡议，旨在促进对非洲特定地区的分布式可再生能源（DRE）系统的投资，以推动储能产业在全球不断发展，使发展长时储能成为全球共识，并得到有效推进。

第二节　中国核心政策

中国涉及钒电池产业的政策文件层级高、系统性强、数量大。中国在"十二五"规划中就提出，要发展储能等先进技术，"十三五"规划提出要大力推进高效储能与分布式能源系统领域创新和产业化，"十四五"规划则提出要"提升清洁能源存储能力，提升输配电能力，加快新型储能技术规模化应用；实施电化学储能示范项目，开展黄河梯级电站大型储能项目研究"等，推进储能产业发展。

一、政策概述

根据行业研究，新能源占比达到 20%～30%，4 小时以上的长时储能需求成为刚需；当风光发电占比达到 50%～80% 时，储能时长需要达到 10 小时以上。钒电池作为电化学储能或新型储能的一个单独分类，其政策指导主要以新型储能/电化学储能/绿色储能/可再生能源的配套措施等为主,细分政策在不断完善中。

2016 年 7 月 28 日，国家发改委、财政部、科技部等发布《"十三五"国家科技创新规划的通知》，提出要"发展智能电网技术，开展全钒液流电池等多种储能技术示范工程，促进可再生能源消纳"开始，到 2023 年，国家共提出了数十份政策文件，支持钒电池发展。2022 年和 2023 年，政策制定进入密集区，液流电池作为重要的技术路线得到高度关注。

国家发改委、能源局以及工信部等部委，分别从电力系统应用和产业发展角度，多次出台推动长时储能以及液流电池，特别是钒电池储能以及产业相关的"政策包"，基本完成了政策体系的顶层设计。

二、核心政策

（一）《关于促进储能技术与产业发展的指导意见》

2017 年 9 月 22 日，国家发改委、能源局等五部委联合发布《关于促进储能技术与产业发展的指导意见》，为国内储能行业由商业化初期过渡向规模化发展转变定下基调，提出锂离子电池、钠硫电池、液流电池等储能技术在"十三五""十四五"期间的发展目标、重点任务、保障措施。文件指出，应用推广一批具有自主知识产权的储能技术和产品，重点包括 100 兆瓦级钒电池储能电站、高性能铅碳电池储能系统等。文件还强调，要完善储能产品标准和检测认证体系，不断提升钒电池等储能产品的质量和安全性，促进整个储能行业健康发展。

（二）《电力中长期交易基本规则》

2020 年 6 月 10 日，国家发改委、国家能源局发布《电力中长期交易基本规则》，对市场准入退出、交易组织、价格机制、安全校核、市场监管和风险防控等进行补充、完善和深化，丰富了交易周期、交易品种和交易方式，优化了交易组织形式，提高了交易的灵活性和流动性，增强了中长期交易稳定收益、规避风险的"压舱石"作用。同时，明确市场主体包括储能企业。

（三）《关于加快推动新型储能发展的指导意见》

2021 年 7 月 15 日，国家发改委、国家能源局发布《关于加快推动新型储能发展的指导意见》，文件提出要坚持储能技术多元化，推动锂离子电池等相对成熟的新型储能技术成本持续下降和商业化规模应用，实现压缩空气、液流电池等长时储能技术进入商业化发展初期；从多个方面支持钒电池等新型储能技术发展。

（四）《关于鼓励可再生能源发电企业自建或购买调峰能力增加并网规模的通知》

2021 年 8 月 10 日，国家发改委、国家能源局发布《关于鼓励可再生能源发电企业自建或购买调峰能力增加并网规模的通知》，文件首次提出配建时长 4 小时以上的调峰能力的概念。为鼓励发电企业市场化参与调峰资源建设，超过电网企业保障性并网以外的规模初期按照功率 15% 的挂钩比例（时长 4 小时以上）配建调峰能力，按照 20% 以上挂钩比例进行配建的优先并网。

（五）《"十四五"能源领域科技创新规划》

2021 年 11 月 29 日，国家能源局、科技部发布《"十四五"能源领域科技创新规划》，提出我国能源科技发展形势主流储能技术总体达到世界先进水平，电化学储能、压缩空气储能技术进入商业化示范阶段。强调要研发长寿命、低成本、高安全的锂离子电池，突破铅碳电池专用模块均衡和能量管理技术，开展高功率液流电池关键材料、电堆设计以及系统模块的集成设计等研究，研发钠离子电池、液态金属电池、钠硫电池、固态锂离子电池、储能型锂硫电池、水系电池等新一代高性能储能技术，开发储热蓄冷、储氢、机械储能等储能技术。

（六）《电力辅助服务管理办法》

2021 年 12 月 21 日，国家能源局发布《电力辅助服务管理办法》，明确了新型储能的市场主体地位，增加了电力辅助服务新品种，完善了辅助服务分担共享新机制，疏导电力系统运行日益增加的辅助服务费用，健全了更加灵活的市场化价格竞争机制，进一步降低系统运营成本，也为长时储能体现调节价值、进入辅助服务市场提供了相关依据。

（七）《"十四五"新型储能发展实施方案》

2022年1月19日，国家发改委、能源局发布《"十四五"新型储能发展实施方案》，提出开展不同技术路线分类试点示范。重点建设更大容量的液流电池、飞轮、压缩空气等储能技术试点示范项目，推动火电机组抽汽蓄能等试点示范，研究开展钠离子电池、固态锂离子电池等新一代高能量密度储能技术试点示范。该方案的目的是推动新型储能技术发展，加快构建新型电力系统，并实现碳达峰碳中和的战略目标。具体到钒电池，实施方案中提到了"钒液流电池、铁铬液流电池、锌溴液流电池等产业化应用"作为技术示范的一部分。表明钒电池作为一种电池技术，在新型储能领域受到了重视，并且被视为具有产业化应用潜力的技术之一。

（八）《关于进一步推动新型储能参与电力市场和调度运用的通知》

2022年5月24日，国家发改委办公厅、国家能源局综合司发布《关于进一步推动新型储能参与电力市场和调度运用的通知》，提出要建立完善适应储能参与的市场机制，鼓励新型储能自主选择参与电力市场，坚持以市场化方式形成价格，持续完善调度运行机制，发挥储能技术优势，提升储能总体利用水平，保障储能合理收益，促进行业健康发展。

（九）《关于推动能源电子产业发展的指导意见》

2023年1月3日，工业和信息化部等十一部门发布《关于推动能源电子产业发展的指导意见》，开发安全经济的新型储能电池。开展低成本、高能量密度、安全环保的全钒、铁铬、锌溴液流电池。突破液流电池能量效率、系统可靠性、全生命周期使用成本等制约规模化应用的瓶颈。

（十）《新型电力系统蓝皮书》

2023年6月2日，国家能源局及十一家研究机构发布《新型电力系统蓝皮书》，重点开展长寿命、低成本及高安全的电化学储能关键核心技术、装备集成优化研究，开发新型储能材料，提升锂离子电池安全性、降低成本，发展钠离子、液流电池等多元化技术路线。到 2030 年加速转型期，储能多应用场景多技术路线规模化发展，重点满足系统日内平衡调节需求；到 2045 年总体形成期，规模化长时储能技术取得重大突破，满足日以上平衡调节需求。到 2060 年巩固完善期，储电、储热、储气、储氢等覆盖全周期的多类型储能协同运行，能源系统运行灵活性大幅提升。

（十一）《关于加强新形势下电力系统稳定工作的指导意见》

2023 年 9 月 7 日，国家发改委等多部门发布《关于加强新形势下电力系统稳定工作的指导意见》，提出要科学安排储能建设。按需科学规划与配置储能。根据电力系统需求，统筹各类调节资源建设，因地制宜推动各类储能科学配置，形成多时间尺度、多应用场景的电力调节与稳定控制能力，改善新能源出力特性、优化负荷曲线，支撑高比例新能源外送。积极推进新型储能建设。充分发挥电化学储能、压缩空气储能、飞轮储能、氢储能、热（冷）储能等各类新型储能的优势，结合应用场景构建储能多元融合发展模式，提升安全保障水平和综合效率。同时强调在构建稳定技术支撑体系时，要深入研究新型储能对电力系统安全稳定支撑作用与控制方法。

（十二）《电力现货市场基本规则（试行）》

2023 年 9 月 7 日，国家发改委、国家能源局发布《电力现货市场基本规则（试行）》，作为构建全国统一电力市场体系的重要文件，也是我国首次发布此类文件，推动新能源、新型主体、各类用户平等参与电力交易。值得一提的是，扩大了市场准入范围，将新型储能、虚拟电厂等新型主体纳入市场交易，也为长时储能进入现货市场、体现能量价值提供了依据。

（十三）《关于加强电网调峰储能和智能化调度能力建设的指导意见》

2024 年 1 月 17 日，国家发改委、国家能源局发布《关于加强电网调峰储能和智能化调度能力建设的指导意见》，指出围绕高安全、大容量、低成本、长寿命等要求，开展关键核心技术装备集成创新和攻关，着力攻克长时储能技术，解决新能源大规模并网带来的日以上时间尺度的系统调节需求。探索推动储电、储热、储冷、储氢等多类型新型储能技术协调发展和优化配置，满足能源系统多场景应用需求。

截至目前，国家层面关于支持钒电池行业发展的政策的发布呈现逐年增长的态势，特别是 2023 年最为密集，国家共出台了 33 项储能相关政策，主要集中于电力系统与电力市场和技术推动等方面，其余政策则对行业规范标准和安全、促进市场活力，以及维护市场秩序上提出要求，详见表 3-1。

表 3-1　国家层面的重要储能政策

发布时间	发布部门	政策名称	主要相关内容
2016 年 7 月	国务院	《"十三五"国家科技创新规划的通知》	发展智能电网技术，开展全钒液流电池等多种储能技术示范工程，促进可再生能源消纳
2017 年 9 月	国家发改委、财政部、科技部等	《关于促进储能技术与产业发展的指导意见》	应用推广具有自主知识产权的储能技术和产品，重点包括 100 兆瓦级全钒液流电池储能电站、高性能铅碳电池容量电池储能系统等
2021 年 7 月	国家发改委、国家能源局	《关于加快推动新型储能发展的指导意见》	推动锂离子电池等相对成熟的新型储能技术成本下降和商业化规模应用；实现压缩空气、液流电池等长时储能技术商业化。争取到 2025 年新型储能实现规模化发展，到 2030 年全面市场化发展
2022 年 1 月	国家发改委、国家能源局	《"十四五"新型储能发展实施方案》	推动多元化技术开发、液流电池等核心技术、装备和集成化设计研究；将液流电池技术纳入重点发展方向
2022 年 1 月	国家能源局	《〈"十四五"能源领域科技创新规划〉实施监测机制的通知》	开展高功率液流电池关键材料、电堆设计研究；开展吉瓦时级储能电站系统设计与示范
2022 年 5 月	国家发改委、国家能源局	《关于促进新时代新能源高质量发展的实施方案》	全面提升电力系统调节能力；支持电网企业积极接入和消纳新能源；研究储能成本回收机制
2023 年 1 月	工信部等六部门	《关于推动能源电子产业发展的指导意见》	加强新型储能电池产业化技术攻关，推进先进储能技术及产品规模化应用。研究突破超长寿命高安全性电池体系、大规模大容量高效储能、交通工具移动储能等关键技术，加快研发固态电池、钠离子电池、氢储能/燃料电池等新型电池。推广智能化生产工艺与装备、先进集成及制造技术、性能测试和评估技术。提高锂、镍、钴、铂等关键资源保障能力，加强替代材料的开发应用。推广基于优势互补功率型和能量型电化学储能技术的混合储能系统。支持建立锂电等全生命周期溯源管理平台，开展电池碳足迹核算标准与方法研究，探索建立电池产品碳排放管理体系

发布时间	发布部门	政策名称	主要相关内容
2023 年 1 月	国家能源局	《2023 能源监管工作要点》	加快推进全国统一电力市场体系建设，发挥市场在资源配置中的决定性作用，有效反映电力资源时空价值，推动更多工商业用户直接参与交易，引导虚拟电厂、新型储能新型主体参与系统调节
2023 年 1 月	国家能源局	《2023 电力安全监管重点任务》	要加强电网安全风险管控。完善电网运行方式分析制度，形成覆盖全年、层次清晰、重点突出的电网运行方式分析机制。组织开展电化学储能、虚拟电厂、分布式光伏等新型并网主体涉网安全研究加强源网荷储安全共治。推进非常规电力系统安全风险管控重点任务落实
2023 年 1 月	国家发改委、国家能源局	《关于进一步加快电力现货市场建设工作的通知》	鼓励新型主体参与电力市场。通过市场化方式形成分时价格信号，推动储能、虚拟电厂、负荷聚合商等新型主体在削峰填谷、优化电能质量等方面发挥积极作用，探索"新能源＋储能"等新方式。为保证系统安全可靠，参考市场同类主体标准进行管理考核。持续完善新型主体调度运行机制，充分发挥其调节能力，更好地适应新型电力系统需求
2023 年 1 月	国家能源局	《关于持续推进电力行业危险化学品安全风险集中治理工作的通知》	各省级电力管理部门、各派出机构要切实落实电力安全监督管理责任，准确掌握辖区内电力行业危化品安全形势和风险整治管控工作开展情况，聚焦液氨、天然气、光热发电和光热储能使用的熔盐等危化品重大危险源，不断加强监管执法，严肃处理危化品安全管理不严格、风险整治管控不到位、重大危险源改造工作严重滞后等问题，并及时通报地方政府及应急管理部门
2023 年 1 月	国家发改委、国家能源局	《加强新形势下电力系统稳定工作的指导意见》	积极推进新型储能建设。充分发挥电化学储能、压缩空气储能、飞轮储能、氢储能、热（冷）储能等各类新型储能的优势，结合应用场景构建储能多元融合发展模式，提高安全保障水平和综合效率
2023 年 2 月	国家标准化管理委员会、国家能源局	《新型储能标准体系建设指南》	修订 100 项以上新型储能重点标准，加快制修订设计规范、安全规程、施工及验收等储能电站标准，开展储能电站安全标准、应急管理、消防等标准预研，尽快建立完善安全标准体系，结合新型电力系统建设需求，初步形成新型储能标准体系，基本能够支撑新型储能行业商业化发展
2023 年 3 月	国家能源局	《加快油气勘探开发与新能源融合发展行动方案（2023—2025 年）》	推动新型储能在油气上游规模化应用。发挥储能调峰调频、应急备用、容量支撑等多元功能，促进储能在电源侧、油气勘探开发用户侧多场景应用，有序推动储能与新能源协同发展

续表 3-1

发布时间	发布部门	政策名称	主要相关内容
2023 年 3 月	国家能源局	《关于加快推进能源数字化智能化发展的若干意见》	以新模式新业态促进数字能源生态构建，提高储能与供能、用能系统协同调控及诊断运维智能化水平，加快推动全国新型储能大数据平台建设，健全完善各省（区）信息采集报送途径和机制
2023 年 4 月	国家能源局	《2023 年能源工作指导意见》	加快攻关新型储能关键技术和绿氢制储运用技术，推动储能、氢能规模化应用。推荐有条件的工业园区、城市小区、大型公共服务区，建设可再生能源为主的综合能源站和终端储能
2023 年 4 月	国家发改委等十一部门	《碳达峰碳中和标准体系建设指南》	储能领域重点制订修订抽水蓄能标准，电化学、压缩空气、飞轮、重力、二氧化碳、热（冷）、氢（氨）、超导等新型储能标准，储能系统接入电网、储能系统安全管理与应急处置标准
2023 年 5 月	国家发改委	《关于加强充电基础设施建设更好支持新能源汽车下乡和乡村振兴的实施意见》	鼓励开展电动汽车与电网双向互动（V2G）、光储充协同控制等关键技术研究，探索在充电桩利用率较低的农村地区建设提供光伏发电、储能、充电一体化的充电基础设施
2023 年 6 月	国家能源局	《新型电力系统发展蓝皮书》	统筹推进源网荷各侧新型储能多应用场景快速发展。重点依托系统友好型"新能源＋储能"电站、基地化新能源开发外送等模式合理布局电源侧新型储能，加速推进新能源可靠替代。充分结合系统需求及技术经济性，统筹布局电网侧独立储能及电网功能替代性储能，保障电力可靠供应
2023 年 6 月	国家能源局	《关于印发开展分布式光伏接入电网承载力及提升措施评估试点工作的通知》	充分考虑当前电力系统技术进步，积极评估采用新型配电网、新型储能负荷侧响应、虚拟电厂等措施打造智能配电网，发掘源、网、荷、储的调节能力，提高分布式光伏接入电网承载能力
2023 年 7 月	国家能源局	《贯彻落实加快建设全国统一电力市场体系若干举措（征求意见稿）》	提出调动用户侧资源参与电力系统调节。制定关于推动用户侧资源参与系统调节相关政策，以市场化机制充分挖掘可中断负荷、储能、负荷聚合商、虚拟电厂等新型主体参与提供辅助服务。选取江苏、广东等地试点
2023 年 8 月	国务院	《关于促进民营经济发展壮大的意见》	支持民营企业参与推进碳达峰碳中和，提供减碳技术和服务，加大可再生能源发电和储能等领域投资力度，参与碳排放权、用能权交易

发布时间	发布部门	政策名称	主要相关内容
2023 年 8 月	工信部、科技部等四部门	《新产业标准化领航工程实施方案（ 2023 — 2035 年）》	聚焦锂离子电池领域，研制电池碳足迹、溯源管理等基础通用标准，正负极材料、保护器件等关键原材料及零部件标准，以及回收利用标准。面向钠离子电池、氢储能/氢燃料电池、固态电池等新型储能技术发展趋势，加快研究术语定义、运输安全等基础通用标准，便携式、小型动力、储能等电池产品标准
2023 年 8 月	国家能源局	《关于加强电力可靠性数据治理深化可靠性数据应用发展的通知》	促进新型储能、新能源消纳、电动汽车 V2G、虚拟电厂等新业态发展，支撑我国新型电力系统建设与发展
2023 年 9 月	工信部、财政部	《电子信息制造业 2023—2024 年稳增长行动方案》	统筹资源加大锂电、钠电、储能等产业支持力度，加快关键材料设备、工艺薄弱环节突破，保障高质量锂电、储能产品供给。落实《关于促进光伏产业链供应链协同发展的通知》《关于做好锂离子电池产业链供应链协同稳定发展工作的通知》，促进光伏、锂电产业链上下游加强对接、协同发展，建设统一大市场。加强《电能存储系统用蓄电池组安全要求》等强制性标准宣贯实施
2023 年 9 月	国家发改委、国家能源局	《电力现货市场基本规则（试行）》	推动分布式发电、负荷聚合商、储能和虚拟电厂等新型经营主体参与交易
2023 年 11 月	工信部、住建部等五部门	《关于开展第四批智能光伏试点示范活动的通知》	优先考虑方向：光储融合。应用新型储能技术及产品提升光伏发电稳定性、电网友好性和消纳能力，包括光伏直流系统、光储微电网、农村光储充系统、便携式光储产品等方向
2023 年 11 月	国家能源局	《关于加强发电侧电网侧电化学储能电站安全运行风险监测的通知》	增强运行风险监测及分析能力。电力企业应对本企业投资、运维的电化学储能电站电池组、电池管理系统（BMS）、能量管理系统（EMS）、储能变流器（PCS）、消防系统、网络安全、运行环境以及其他重要电气设备运行安全状态实施监测和管理，定期分析安全运行情况，强化运行风险预警与应急处置，对存在安全隐患的设备及系统，应能够及时预警并采取有效措施消除隐患。各电力企业应于 2024 年 12 月 31 日前完成本企业监测能力建设，2025 年以后新建及存量电化学储能电站应全部纳入监测范围
2023 年 12 月	国家发改委、国家能源局等四部门	《关于加强新能源汽车与电网融合互动的实施意见》	鼓励双向充放电设施、储充/光储充一体站、换电站等通过资源聚合参与电力市场试点示范，验证双向充放电资源的等效储能潜力

数据来源：各部门官网、融媒体。

第三节 地 方 政 策

根据国家的战略部署和要求，全国各省市区结合实际，出台了很多支持长时储能特别是钒电池发展的政策。在这些政策中，新能源、钒资源和经济大省的相关政策更具代表性。例如，2023 年 3 月，河北省科学技术厅发布《河北省科技支撑碳达峰碳中和实施方案（2023—2030 年）》，提出研究低成本、高安全、长寿命的固态锂离子电池、钠离子电池等前沿储能技术，以及压缩空气、飞轮、钒液流电池、钠离子电池等新型储能技术装备，研发多类型氢气"储运加"适用技术、源网荷储一体化等技术，开发大规模储能系统集成、智能控制和梯次利用与回收技术。6 月，河北省工信厅发布《关于支持承德钒钛产业高质量发展的若干措施》，提出建设国家钒钛产业基地，支持承德市创建钒储能示范区，鼓励在全省光伏发电、风力发电、智能电网、分布电站等领域推广应用钒储能，打造高端钒钛产业链，特别强调要打造以钒电解液为基础的钒储能电池全产业链产品，推动钒电池产业加快发展；2024 年 4 月，四川省经信厅等六部门发布了《促进钒电池储能产业高质量发展的实施方案》，提出要打造"钒资源开发—关键材料—电堆制造—系统集成—终端应用"全产业链，构建上中下游产业链供应链发展稳定、配套完善的产业集群，促进钒电池储能产业高质量发展，并将其作为助力先进材料产业提质倍增的重要措施，为全国钒电池产业发展政策制定提供了借鉴与参考。

一、内蒙古《关于加快推动新型储能发展的实施意见》

2021 年 12 月 31 日，内蒙古自治区人民政府办公厅发布《关于加快推动新型储能发展的实施意见》。指出新建市场化并网新能源项目，配建储能规模原则上不低于新能源项目装机容量的 15%，储能时长 4 小时以上；独立共享式新型储能电站应集中建设，电站功率原则上不低于 5 万千瓦，时长不低于 4 小时。

二、新疆《服务推进自治区大型风电光伏基地建设操作指引（1.0 版）》

2022 年 3 月 4 日，新疆维吾尔自治区发改委编制印发《服务推进自治区大型风电光伏基地建设操作指引（1.0 版）》，首次提出配置长时储能，反配新能源指标的新做法；建设 4 小时以上时长储能项目的企业，允许配建储能规模 4 倍的风电光伏发电项目。鼓励光伏与储热型光热发电以 9∶1 规模配建。

三、江苏《江苏省"十四五"新型储能实施方案》

2022 年 8 月 8 日，江苏省发改委发布《江苏省"十四五"新型储能实施方案》，指出结合新型电力系统对新型储能技术路线的实际需求，推动新型储能技术多元化发展，促进技术成熟的锂离子电池、压缩空气储能规模化发展，支持液流电池、热储能、氢储能等技术路线试点示范。

四、四川《关于促进钒钛产业高质量发展的实施意见》

2022 年 11 月 15 日，四川省经信厅等五部门发布《关于促进钒钛产业高质量发展的实施意见》，提出到 2025 年，钒（以 V_2O_5 计）产品达 10 万吨/年，钒电解液达 7.5 万立方米/年，钒电池系统集成达 1 吉瓦/年。促进钒在钒电池等非钢领域的应用，支持"新能源＋储能"钒电池储能示范。

五、湖北《关于开展新型储能电站试点示范工作的通知》

2023 年 2 月 2 日，湖北省能源局发布《关于开展新型储能电站试点示范工作的通知》，指出支持采用全钒液流储能、铁锌分层液流储能、压缩空气储能、飞轮储能等储能技术路线。纳入试点示范范围的新型储能电站项目，按照不超过储能电站调节容量的 5 倍配置新能源发电项目。

六、广东《广东省推动新型储能产业高质量发展指导意见》

2023 年 3 月 15 日，广东省人民政府办公厅发布《广东省推动新型储能产业高质量发展指导意见》，加大新型储能关键技术和装备研发力度。提升锂离子电池技术，攻关钠离子电池技术。发展低成本、高能量密度、安全环保的液流电池，提升液流电池容量、性能、寿命。

七、河北《推动能源电子产业发展的实施方案》

2023 年 4 月 25 日，河北省工信厅等六部门联合发文，提出要加快液流电池、氢储能/燃料电池等新型储能电池研发及产业化。推动全钒、铬铁、锌溴液流电池发展，突破液流电池能量效率、系统可靠性、全周期使用成本等制约规模化应用的瓶颈，推动质子交换膜、电极材料等产业化。

八、山东《关于支持长时储能试点应用的若干措施》

2023 年 7 月 23 日，山东省发改委、能源局等四部门出台《关于支持长时储能试点应用的若干措施》。作为全国首个省级针对长时储能的支持政策，指出长时储能可享受优先接入电网、优先租赁、容量补偿标准提高、减免输配电价等优惠政策，助力构建新型电力系统，对于压缩空气、液流电池等的长时储能，加大容量租赁和容量补偿支持力度，并支持参与现货市场。

2023 年钒电池相关支持政策（不完全统计）见表 3-2。

表 3-2　2023 年钒电池相关支持政策（不完全统计）

时间	发布主体	政策名称	主要内容
2023 年 1 月 12 日	湖北省能源局	《省能源局关于 2023 年新能源开发建设有关事项的通知》	支持相关企业在湖北开展全钒液流储能、铁锌分层液流储能、压缩空气储能、飞轮储能等先进储能技术试点示范应用，相关项目列入省级示范项目名单并在 2023 年底前主体工程开工的，按照不超过储能电站调节容量的 5 倍配置新能源项目
2023 年 1 月 30 日	江西省人民政府	《江西省未来产业发展中长期规划（2023—2035 年）》	发挥江西锂电、全钒液流电池及其储能系统产业基础优势，重点发展高能量比、高可靠性的锂离子电池、固态电池、液流电池、钠离子电池、超级电容器，推动新型储能高质量、规模化发展
2023 年 2 月 3 日	湖北省能源局	《省能源局关于开展新型储能电站试点示范工作的通知》	本次申报要求如下： 采用技术：全钒液流电池、锌铁自分层液流电池、压缩空气储能、飞轮储能等装机容量 50～100 兆瓦，2 小时以上
2023 年 2 月 23 日	宁夏回族自治区发改委	《宁夏"十四五"新型储能发展实施方案》	开展压缩空气、液流电池、飞轮等大容量储能技术，钠离子电池、水系电池等高安全性储能技术，固态锂离子电池等新一代高能量密度储能技术试点示范
2023 年 2 月 24 日	江苏省政府办公厅	《关于推动战略性新兴产业融合集群发展的实施方案》	推动新型储能技术成本持续下降和规模化应用，加快压缩空气、液流电池等长时储能技术商业化进程，支持飞轮储能、化学储能等新一代储能装备的研发和规模化试验示范
2023 年 3 月 10 日	山东省能源局	《山东省能源绿色低碳高质量发展三年行动计划（2023—2025 年）》《山东省能源绿色低碳高质量发展 2023 重点工作任务》	实施新型储能"百万千瓦"行动计划，加快储能示范项目建设，探索电化学、压缩空气、液流电池等多种技术路线

时间	发布主体	政 策 名 称	主 要 内 容
2023 年 3 月 14 日	北京市城市管理委员会	《关于公开征集"十四五"中后期新型储能电站拟建项目的通知》	所申报项目技术路线包括电化学储能中的锂离子电池、液流电池等；物理储能包括飞轮储能、压缩空气储能等，以及其他混合储能等，电化学储能项目需明确电池选型
2023 年 3 月 20 日	广东省人民政府	《广东省推动新型储能产业高质量发展的指导意见》	开展长时储能关键技术攻关和设备研制。发展低成本、高能量密度、安全环保的液流电池，提升液流电池能量效率和系统可靠性，降低全周期使用成本；围绕压缩机、膨胀机、换热系统等压缩空气储能产业链关键环节，引导传统能源设备制造商建设压缩空气储能试点项目
2023 年 4 月 10 日	山东省能源局	《关于征集 2023 年度新型储能入库项目（第一批）的通知》	文件指出，征集范围包含：（二）压缩空气储能调峰项目。以非补燃压缩空气作为储能手段，项目功率不低于 10 万千瓦，连续充电时长不少于 4 小时，电效率不低于 70%。（三）液流电池储能调峰项目。以全钒、铁铬或其他形式液流电池为储能元件，项目功率不低于 3 万千瓦，交流侧效率不低于 70%
2023 年 5 月 8 日	河北省工信厅	《关于加快推动清洁能源装备产业发展的实施方案》	研发全钒液流电池等新型电池；开展大容量压缩空气储能示范，推进装备制造与技术产业化
2023 年 5 月 15 日	新疆维吾尔自治区发改委	《关于加快推进新能源及关联产业协同发展的通知》	鼓励采用液流电池、压缩空气或二氧化碳储能、飞轮储能、重力储能等新型储能方式，配置储能规模为新能源规模的 10%且时长不低于 2 小时
2023 年 6 月 5 日	广东省发改委	《广东省促进新型储能电站发展若干措施》	促进钠离子电池、固态锂离子电池和液流电池，以及压缩空气、飞轮储能等新型储能电站试点示范
2023 年 6 月 21 日	江苏省发改委	《关于加快推动我省新型储能项目高质量发展的若干措施（征求意见稿）》	积极支持压缩空气、液流电池、热储能、重力储能、飞轮储能、氢储能等创新技术试点示范
2023 年 6 月 21 日	湖北省能源局	《关于发布 2023 年新型储能电站试点示范项目名单的通知》	采用的技术路线大多是非锂离子路线，涉及全钒液流电池、铁基液流电池、铁锌液流电池、压缩空气、钠离子电池、飞轮、二氧化碳储能、铅碳电池、熔盐等路线
2023 年 6 月 27 日	济南市发改委	《济南市新能源高质量发展三年行动计划（2023—2025 年）》	鼓励多元化发展锂离子、钠离子、液流等储能电池技术，支持高安全、低成本、长寿命的储能电池技术研发
2023 年 6 月 29 日	辽宁省科技厅	《辽宁省科技支撑碳达峰碳中和实施方案（2023—2030 年）》	加快压缩空气储能、液流电池等新型储能关键核心技术突破

续表 3-2

时间	发布主体	政策名称	主要内容
2023年7月6日	南宁市工信局	《加快新能源电池产业发展的若干意见》	推进全钒液流电池在大规模、长周期储能领域的应用
2023年7月7日	惠州市人民政府	《惠州市推动新型储能产业高质量发展行动方案》	落实企业研发费用加计扣除优惠政策，鼓励我市储能电池制造企业在钠离子电池、固态电池、液流电池和氢燃料电池等新领域加大研发投入力度，前瞻布局新一代储能技术及装备
2023年7月10日	江门市发改局	《江门市新型储能电站项目推荐布局实施方案（2023—2027年）》	促进钠离子电池、固态锂离子电池和液流电池，以及压缩空气、飞轮储能等新型储能电站试点示范
2023年7月19日	江苏省发改委	《加快推动我省新型储能项目高质量发展的若干措施》	积极支持压缩空气、液流电池、热储能、重力储能、飞轮储能、氢储能等创新技术试点示范
2023年7月23日	山东省能源局	《关于支持长时储能试点应用的若干措施》	长时储能包括但不限于压缩空气储能、液流电池储能等。试点项目要求规模不低于10万千瓦，满功率放电时长不低于4小时，电-电转换效率不低于60%，项目寿命不低于25年，项目建设期按2年；为积极推动长时储能试点应用，促进先进储能技术规模化发展，助力构建新型电力系统，《措施》提出6项支持政策：优先列入新型储能项目库；支持参与电力现货市场；细化输配电价政策；加大容量补偿力度；提升容量租赁比例；强化科技创新支持
2023年8月9日	广州市工信局	《关于印发加快推动新型储能产品及应用高质量发展的若干措施的通知》	重点促进钠离子电池、全钒液流电池和飞轮储能等新型储能试点建设。推进全钒液流电池储能示范园区、小虎岛电氢智慧能源站、V2G（车网互动技术）应用示范等建设
2023年8月15日	广州市人民政府	《关于推动新型储能产业高质量发展的实施意见》	强化关键核心技术攻关。支持从材料、器件、集成等维度提升锂离子电池、钠离子电池、液流电池、固态电池、机械储能、超级电容器、超导储能、相变储能、氢储能等多元新型储能技术的经济性和安全性，研究动力电池快速智能检测评估、柔性无损快速拆解等高效回收利用技术，加强氢能、太阳能、热泵、储冷（热）等领域前沿技术的创新突破
2023年8月	十堰市市政府办	《关于印发十堰市突破性发展新型电池产业三年行动计划（2023—2025年）的通知》	开拓钒液流储能。支持竹溪县湖北钒电新能源有限公司6万立方米电解液和2台（套）钒电池储能项目建设。依托中国科学院大连化学物理研究所等科研团队和十堰钒电产业研究院，抢抓钒产业

续表 3-2

时间	发布主体	政策名称	主要内容
2023年9月1日	广西壮族自治区发改委	《完善广西能源绿色低碳转型体制机制和政策措施的实施方案》	推动高能量密度电化学储能、液流电池、钠离子电池、压缩空气储能等装备制造产业发展
2023年9月5日	北京市人民政府	《北京市促进未来产业创新发展实施方案》	加强先进储能技术、材料和装备研发，发展新型液流电池储能、先进压缩空气储能等关键环节核心技术以及系统集成技术，实现全产业链商业化应用
2023年9月7日	浙江省经信厅	《浙江省推动新能源制造业高质量发展实施意见（2023—2025年）》	积极布局钠离子电池、全固态电池、水系有机液流电池、铅碳电池等下一代高安全性电池技术，延伸发展储能变流器、管理系统、后端检测设备、充电桩等制造及解决方案，加快实施"储能＋"新模式
2023年9月16日	嵊州市人民政府	《关于加快推进新能源装备产业高质量发展的实施意见》	推动锂离子电池、钠离子电池、液流电池、压缩空气储能等新型储能技术攻关及产业化发展。推动正负极材料、隔膜、电解液等储能材料集聚发展，培育发展电芯、线束、连接器等配套环节
2023年10月13日	白城市人民政府	《大力实施"一三三四"高质量发展战略加快推进白城市新能源产业集群化发展工作方案的通知》	重点围绕储能电池、储能基地建设，加快推进铅碳电池、磷酸铁锂电池、钒液流电池等储能装备制造产业项目
2023年10月23日	湖北省能源局	《关于探索开展新能源项目竞争性配置的通知》	以全钒液流电池为代表的4小时长时储能技术，在功率固定的情况下配置时间越长，单位成本越低，该项政策的发布，进一步释放新能源配储长时需求，长时储能项目竞争力凸显，对长时储能技术在湖北的推广应用无疑是一重大利好
2023年10月24日	江门市工信局	《关于开展省级促进经济高质量发展专项资金（新一代信息技术和产业发展）支持新型储能产业发展项目入库的通知》	支持范围及方向为支持新型储能产业发展项目，包括液流电池：全钒液流电池、锌基液流电池、铁铬液流电池等
2023年10月	上海市经信委	《上海市促进新型储能产业高质量创新发展行动方案(2023—2025年)（征求意见稿）》	提出发展高安全、材料来源广泛的全钒、锌基、铁基等液流电池，发展新一代高性能、低成本、更环保的电解液等液流电池关键材料，研究开发液流电池的大规模先进制造工艺、流程和装备，包括高可靠且低度电成本的液流电池电堆结构设计技术、液流电池模块的设计集成技术、百兆瓦级电池储能系统集成技术、液流电池电堆的智能制造工艺和大规模量产技术。因地制宜探索液流储能商业化应用模式，以满足大规模实用化、产业化的要求，推进液流电池技术和产业发展的深度融合

续表 3-2

时间	发布主体	政策名称	主要内容
2023年11月7日	江苏省发改委	《江苏沿海地区新型电力系统实施方案（2023—2027年）》	要加快电化学储能项目建设，重点发展电网侧储能，鼓励发展用户侧储能，因地制宜发展电源侧储能。支持压缩空气、液流电池、重力储能等新型储能创新技术试点示范，推动新型储能技术多元化发展
2023年12月4日	南昌市人民政府	《南昌市新能源产业链现代化建设行动方案（2023—2026年）》	支持发展全钒液流电池、锌铁液流电池等液流产品，提高能量效率、降低使用成本、推动规模应用
2023年12月8日	江苏省发改委	《徐州市新型能源体系中长期发展规划（2023—2030年）》	拓宽抽水蓄能、压缩空气、液流电池、飞轮储能、重力储能、钠离子电池、熔盐储热等多元储能新模式
2023年12月13日	山西省工信厅	《关于推进能源电子产业发展的实施意见》	电池领域，加强上下游企业的培育和招引，支持长寿命高安全性、大规模大容量储能等关键技术研发攻关

第四节　国内政策分析

一、政策特点

中国把推动能源转型、构建新型电力系统、确保能源安全上升到战略高度，重视推进新型储能产业发展，在政策数量、政策内容和政策广度上，形成了推动储能产业发展的政策体系。钒电池作为重要的安全、长时、大规模的储能技术路线，受惠于储能产业发展的政策环境。一些省区市还特别制定支持钒电池产业发展的专项政策，旨在推动钒电池产业加快商业化步伐。我国储能政策有以下特点。

强制配储。新能源强制配储是储能产业增长的重要驱动力。从表3-3所示的各地区推出的强制配储政策要求看，新能源配储比例一般在10%～20%，配储时长则多为2小时。随着新能源渗透率的快速提升，叠加其出力的不稳定性需要平衡，以及对储能时长要求的提高，强制性配储对储能产业发展有着重要的推动作用。这些强制配储政策，主要集中于新疆、西藏、甘肃、内蒙古等新能源产业较为发达的地区。其中，储能时长要求达到4小时，为推动钒电池产业发展创造了良好条件。

表 3-3　各地区新能源配套储能政策

发布时间	地区	政策文件	配储比例 /%	配储时长 /小时
2021 年 6 月	湖北	《关于 2021 年平价新能源项目开发建设有关事项的通知》	10	2
2021 年 6 月	陕西	《陕西省新型储能建设方案（暂行）（征求意见稿）》	风电陕北 10，光伏关中和延安 10，光伏榆林 20	2
2021 年 8 月	安徽	《关于 2021 年风电、光伏发电开发建设有关事项的通知（征求意见稿）》	10	1
2022 年 1 月	上海	《金山海上风电场一期项目竞争配置工作方案》	20	4
2022 年 1 月	海南	《关于开展 2022 年度海南省集中式光伏发电平价上网项目工作的通知》	10	
2022 年 3 月	新疆	《服务推进自治区大型风电光伏基地建设操作指引（1.0 版）》	25	4
2022 年 3 月	内蒙古	《关于推动全区风电光伏新能源产业高质量发展的意见》	15	4
2022 年 5 月	辽宁	《辽宁省 2022 年光伏发电示范项目建设方案》	15	3
2022 年 9 月	湖南	《关于开展 2022 年新能源发电项目配置新型储能试点工作的通知》	风电 15，光伏 5	2
2022 年 10 月	河南	《关于下达 2022 年风电、光伏发电项目开发方案的通知》	20～55	2～4
2022 年 10 月	河北	《关于做好 2022 年风电、光伏发电开发建设有关事项的通知》	南网 10，北网 15	2
2022 年 11 月	青海	《青海省电力源网荷储一体化项目管理办法（试行）》	15	2
2022 年 12 月	四川	《四川省电源电网发展规划（2022—2025 年）》	10	2
2023 年 1 月	西藏	《关于促进西藏自治区光伏产业高质量发展的意见》	20	4
2023 年 2 月	宁夏	《宁夏"十四五"新型储能发展实施方案》	10	2
2023 年 3 月	云南	《关于进一步规范开发行为加快光伏发电发展的通知》	10	2
2023 年 5 月	贵州	《贵州省新型储能项目管理暂行办法（征求意见稿）》	10	2
2023 年 5 月	广东	《关于印发广东省促进新型储能电站发展若干措施的通知》	10	1
2023 年 5 月	广西	《关于申报 2023 年陆上风电、集中式光伏发电项目的通知》	风电 20，光伏 10	2
2023 年 6 月	山东	《鲁北盐碱滩涂地风光储输一体化基地"十四五"开发计划》	30	2

续表 3-3

发布时间	地区	政 策 文 件	配储比例/%	配储时长/小时
2023 年 8 月	甘肃	《关于甘肃省集中式新能源项目储能配置有关事项的通知》	河西 15，中东部 10	河西 4，中东部 2
2023 年 8 月	福建	《关于鼓励可再生能源发电项目配建储能提高电网消纳能力的通知》	10	2
2023 年 9 月	浙江	《关于做好新能源配储工作提高新能源并网电能量的通知（征求意见稿）》	10	2
2023 年 9 月	江苏	《省发展改革委关于进一步做好可再生能源发电市场化并网项目配套新型储能建设有关事项的通知》	10	2
2023 年 10 月	江西	《关于开展逾期光伏项目清理工作的通知》	15	2
2023 年 12 月	吉林	《抢先布局新型储能产业新赛道实施方案》	15	2

数据来源：各地区政府官网、融媒体。

技术创新。通过支持示范试点、重点项目揭榜挂帅、设立专项基金、鼓励企业与科研机构合作等方式，激励钒电池企业加大创新投入、联合创新，有效地促进了钒电池技术进步，对提高钒电池的效率、稳定性和可靠性等起到了重要作用，加快了钒电池商业化运营步伐。同时，一些国有控股的投资机构、产业资本和上市公司等，积极投资入股钒电池企业，积极培育优势钒电池企业，为钒电池产业创新发展、打造优势注入了动力。

产业发展。通过出台系列政策措施，如税收优惠、财政补贴、土地使用优惠、匹配新能源指标等，为钒电池产业发展创造条件。特别是国家相关部委和省区市政府，强调要强化钒电池产业链建设和协同发展，推动储能技术与电力系统融合发展，鼓励源网荷储一体化等，新能源产业生态不断完善，促进了产业链各环节的协调发展。例如，广东省鼓励企业布局上游矿产资源，湖南省推动打造产业聚集和配套基地，提升产业链整体竞争力和效率，四川省强化以资源引领构建韧性和竞争力强的钒电池产业链等，对钒电池产业发展具有深远影响。

标准体系建设。如根据国家能源局、国家标准化管理委员会下发的《关于加快能源新型标准体系建设的指导意见》，建立了液流电池、铅酸蓄电池等新型标准体系。通过建立完善的标准化体系，不断完善钒电池产业生产与产品等标准，引领钒电池产品标准化发展，为产业发展和企业生产提供了指导性文件，对提高产业整体形象和产品质量，增强国际竞争力起到了重要的促进作用。

市场应用。通过支持示范项目和试点项目建设，推动钒电池在大容量储能领域的应用。这些项目展示了钒电池的应用效果，为产业发展提供了有益借鉴，为企业开拓市场提供了宝贵经验。如，辽宁省实施的两部制电价模式，有利于提高储能电站的盈利能力，提高其运行的经济性，为钒电池储能产业发展创造了条件，形成了政策和项目示范。

人才培养与教育发展。人才队伍建设和人才培养是推动产业发展的重要力量。对钒电池产业来说，人才积累少，有产业和项目经验的人才更少，急需培养。北京市在发展储能产业的相关政策中，特别提到要加快培养储能领域的"高精尖缺"人才，以优势人才推进产业创新和项目应用。这一政策措施，是针对钒电池的产业现状和未来发展趋势所提出的，具备很强的前瞻性和针对性，对建立满足钒电池产业发展需要的高端人才队伍具有促进作用。

二、政策建议

支持建立市场化的价格机制。国家发改委、能源局多次出台顶层政策"文件包"，并以问题为导向不断完善，提出多元化、规模化、市场化的总体发展思路。要加快健全完善电力中长期和现货电能量市场交易+辅助服务市场交易+容量市场交易的全市场化机制；要坚持市场化调度和市场化价格，进一步明晰辅助服务价格形成及疏导途径，落实和细化容量市场的疏导方式，依靠价格导向机制和市场的力量推动和引领钒电池商业化运作，在商业化运作与竞争中提高产业竞争和盈利能力。

强化钒电池在多元化技术路线中的重要作用。随着新能源的渗透比例不断增高，在技术中立、电力产品同质的条件下，应对能够提供可靠支撑最大负荷的出力能力的储能技术，也就是安全性能高、稳定可靠性好、充放电转换效率高、放电深度深、容量衰减低、充放电持续时间长、寿命长、全生命周期度电成本低的钒电池给予重点支持，支持其尽快完成产业成熟和产品成熟，能够为我国新型电力系统构建发挥应有的作用。

强化钒电池储能应用场景的先导牵引。建议先期从新能源资源匹配、税收财政支持、基金建立等方面，多管齐下，统筹汇集各方资金渠道，集中支持典型示范场景应用，支持产业以示范为引领，拉动产业链配套和技术迭代，同步大力培育运营维护和工程技术服务、科技研发、政策研究等市场主体，拉动钒电池产业加速发展。例如，可进行电解液租赁示范，搭建有资源方、资本方、金融机构和钒电液生产方等参加的钒电解液租赁平台，强化钒电解液的金融属性，以电解液租赁方式稳定钒电池液价格、增强其金融价值、降低钒电池初始投资成本、缩短投资方回收期，打通钒电池面临的商业化和阻碍产业与产品盈利的堵点与卡点，激活产业，促进产业做大做强。

协同建立全省一盘棋的政策体系。建议在国家政策框架下，各省区市结合实际，统筹出台省级指导意见作为顶层纲领，从技术研发、产业发展、场景应用、电力市场、价格机制、财税支持等方面明确政策支持要点，省直各相关部门出台配套政策明确的产业链协同、关键技术创新、电力市场和电价机制等，各市因地制宜，统筹布局锻长板、补短板，出台城市级的实施细则，着重规划引领、产业扶持等，通过层层推进的政策体系，完成从战略要求到战术加快再到项目落地的递进式加速；同时，按照构建全国钒电池储能大市场原则，进行区域协同和产业链合作，打造健康有序的钒电池产业生态，实现钒电池产业投资效能和产业影响最大化。

第四章
发展展望

我国钒电池产业具有政策引导需求、实施"双碳"目标促进需求等特征。2023 年，在政策引导和产业进步等多重因素作用下，钒电池进入商业化运作阶段，主要表现在钒电池企业不断增加、产能持续放大、合同与协议规模持续增长、技术进步加快等方面。2024 年，我国钒电池产业将承继优势、创新模式，实现规模化增长，进入发展新阶段。

第一节 市 场 预 测

钒电池储能技术适合于"大型新能源基地＋储能＋特高压"、规模化集中、长时储能等场景，以及特定区域用户侧需求，是解决大规模新能源消纳和保障电网安全稳定运行的基础设施，在全球范围内持续发展。2023 年12 月，国家能源局综合司发布《关于公示新型储能试点示范项目的通知》，共 56 个项目被列为新型储能试点示范项目，其中包括 26 个长时储能技术项目，超过锂电池项目数量。说明长时储能正加速成为储能行业的主力军。其中，液流电池占 8 个、全钒液流电池有 6 个，总体规模达到 700 兆瓦/3.9 吉瓦时，钒电池在新型储能技术路线中的地位和作用得到确认。

一、全球预测

麦肯锡的研究表明，液流电池是重要的长时储能技术路线，对于超过6～8 小时的储能需求而言，是具有竞争力的解决方案。发达国家对长时储能高度重视，重点推进。

美国能源部于 2023 年 3 月提出净零情景下 2050 年需部署 225～460 吉瓦长时储能。英国政府于 2024 年 1 月提出，若在 2030—2050 年部署 20 吉瓦长时储能技术，英国电力系统可节省 240 亿英镑（约 2188 亿元人民币）。为加速长时储能部署，美国能源部在 2021 年提出了十年内将 10 小时以上长时储能的成本降低 90%的战略目标，英国能源安全和净零部提出了面向长时储能技术的投资激励计划，促进长时储能快速布局。

Guidehouse Insight 于 2022 年二季度发布的 *Vanadium Redox Flow Batteries: Identifying Market Opportunities and Enablers* 报告显示，2022—2031 年钒电池年装机量有望保持 41%的复合增长率，预计 2031 年全球钒电池年装机量将达到 32.8 吉瓦时；其中，2031 年亚太地区（主要为中国）年装机量将达到约 14.5 吉瓦时，北美地区将达到 5.8 吉瓦时，西欧地区将达到 9.3 吉瓦时（图 4-1 和图 4-2），增长幅度惊人，预示钒电池储能产业前景广阔，对中国钒电池产业走向国际市场具有重要的导向作用。

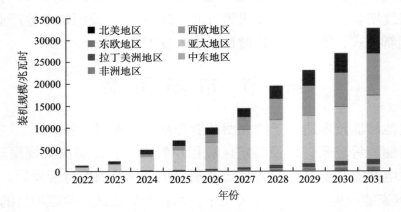

图 4-1　2022—2031 年全球钒电池装机规模预测

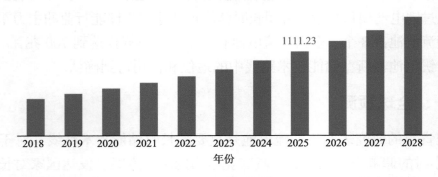

图 4-2　2018—2028 年全球钒电池市场预测（单位：十亿美元）

二、国内预测

2023 年，国内液流储能新增装机量不及预期，液流储能项目在我国新型储能市场中渗透率仅为 0.23%，相较庞大的储能市场，占比很低，也预示其发展潜力巨大（表 4-1）。据统计，目前国内已规划的钒电池项目规模达到 1.9 吉瓦/8.6 吉瓦时（表 4-2）。

表 4-1　储能项目装机分布情况

2023 年中国储能市场项目规模	装机量/吉瓦		累计占比/%
	新增	累计	
抽水蓄能	5.3	51.4	59
熔岩储热	0.0	0.6	1
新型储能	21.4	34.5	40
其中：液流储能	**0.05**	**0.21**	
合计	26.7	86.5	100

截至 2024 年 5 月，已统计进入实施阶段的钒液流电池项目规模达到 0.6 吉瓦/2.8 吉瓦时，较 2022 年与 2023 年大幅提高（表 4-2）。

表 4-2　至 2024 年 5 月钒液流电池项目各阶段规模

阶　　段	功率/吉瓦	容量/吉瓦时
规划	1.9	8.6
招投标/签约	2.3	9.4
实施	0.6	2.8
并网运行	0.3	1.0

随着钒电池技术得到市场认可和经济性验证，成本随着技术进步、项目规模扩大和商业模式创新降低，以钒电池为代表的液流电池在新型储能项目中的渗透率将显著提高。我们在已统计的钒液流电池项目基础上，对 2024—2026 年做了初步预测，保守按照每年规划规模新增 20% 计算，2026 年总规划项目规模将达到 3 吉瓦（图 4-3）。

2023 年是钒电池项目的规划与实施"大年"。从项目推进的角度，可以看到 2024 年随着大量项目进入并网、招投标与签约阶段，新增装机量将超过 2022 年，远超 2023 年，钒电池产业开始步入稳定发展期；预计到 2025 年，钒电池产业将迎来实施交付的高峰期，产业进入良性发展期。

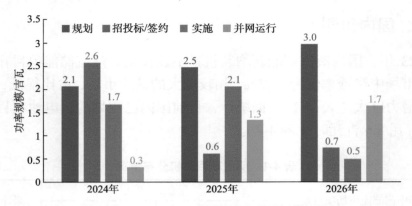

图 4-3　2024—2026 年钒电池项目规模预测

　　根据以上预测,按照并网口径计算,2024 年钒电池的市场规模将从 2023 年的 3.25 亿元增长至 23 亿元,并在 2025 年快速达到百亿元以上规模,2026 年将达到 144 亿元以上,且增速加快(表 4-3)。2030 年,装机规模达到 20 吉瓦左右,市场规模达到 2000 亿元左右;按照钒电池作为战略性新兴产业和新质生产力对产业的带动系数计算,钒电池产业链经济规模将达到万亿级,成为新型储能领域的重要一极。

表 4-3　钒液流电池市场空间预测

年　　份	2023	2024	2025	2026
钒液流电池新增功率/吉瓦	0.05	0.33	1.35	1.66
平均储能时长/小时	2.90	3.20	3.90	4.20
钒液流电池新增容量/吉瓦时	0.14	1.04	5.25	6.96
系统价格(五氧化二钒 9 万元/吨)/亿元·吉瓦时$^{-1}$	22.77	22.15	21.46	20.79
钒电池市场规模/亿元	3.25	23.05	112.66	144.63

　　2024 年,钒电池产业和企业面对交付实施的喜悦,也将面临产业化需求与产业链不完善之间的矛盾,一些企业或将面临项目"交付难"的困局,值得产业和企业重视。

第二节　技 术 进 步

一、电堆突破

　　中国钒电池的电堆技术已经跨越规模放大阶段,进入高功率密度电堆开发阶段。要实现电堆突破，需要优化电堆结构设计、组装工艺优化和拥有高质量低成本的关键材料作保证。电堆的额定功率、在额定功率运行时的能量效率是电堆的两个核心参数。对于一个给定的电堆，在输出功率不同的运行条件下，其工作电流密度与能量效率也不同。因此，要准确地表示一个电堆的性能，输出功率、工作电流密度及对应的能量效率这三个参数缺一不可。

在不同的工作电流密度下，电堆的输出功率可表示为：电堆输出功率＝工作电流密度×电极面积×平均电压×单电池节数。增加电极面积和单电池节数，可以提高电堆的输出功率，但会增加材料使用量和钒电池成本。因此，在保证电堆能量效率不变前提下，提高工作电流密度是提高电堆输出功率、降低电堆成本的有效途径。一般地说，提高电堆输出功率就会降低电堆能量效率。电堆的能量效率可表示为库仑效率和电压效率的乘积：电堆的能量效率＝库仑效率×电压效率。

降低电池的内阻（提高离子或质子传导隔膜的传导性、减小电极与双极板的接触电阻）可提高电池的电压效率；提高离子或质子传导隔膜的选择性，减少自放电发生，可以提高电堆的库仑效率。因此，在保持电堆的能量效率不变的条件下，提高其工作电流密度或者说功率密度是降低成本的主要途径：一是降低电池内阻，包括欧姆极化内阻、浓差极化内阻、活化极化内阻；二是提高离子传导膜的离子选择性；三是提高电解质溶液在各单电池之间及同一单电池内部的分配均匀性。这是电堆设计、集成的重要原则，也是电堆突破的重要方向。

2023年，北京绿钒、液流储能公司、天府储能公司等都推出了新一代电堆产品，各公司在电堆生产技术、稳定可靠性、能量密度、运行温度区间等方面都取得一定突破，为钒电池产业发展带来了新动力；2024年，电堆在功率规模、组装工艺、电流密度等方面实现突破，由此带来的功率模块效率的整体提升，将为钒电池储能系统高效、稳定运行和低成本制造与运行提供可靠支撑。

二、钒电解液制备优化

钒电解液是全钒液流电池的关键材料，具有纯度要求高、占成本比例高等特点，是影响钒电池应用的重要因素。2024年，钒电解液制备产能规模将较2023年有较大规模的增加，湖南银峰、川发兴能等将为产业提供规模化供应；同时，电解液短流程制备工艺将取得重要突破。

该技术创新提出通过萃取深度除杂技术，全流程"液-液"体系制备钒电解液，有效衔接主流工业提钒流程，避免高纯 V_2O_5 制备中间过程，流程短、钒收率高、电解液成本降低。萃取法已逐步走向商用，例如攀钢与大连融科组建的合资公司——钒融储能科技公司于2023年4月投产了2000立方米/年的钒电解液中试线，正在规划规模化产线。由中国科学院过程工程研究所自主研发的萃取法短流程全钒液流电池电解液生产技术，已在川威集团建设技术示范线；川发兴能的规模化生产线正在建设，将于2024年9月投产，从而丰富钒电解液制造技术，提高钒电解液供给能力，降低钒电解液制造成本。同时，其为钒电池产业提供电解液租赁服务的计划，对钒电池产业发展具有特别重要的意义。

国内绝大多数钒电池系统，使用硫酸作为钒电池的酸液基底，被称为硫酸基液流电池。液流储能公司研发的盐酸基电解液储能系统，能够实现钒电池在 $-35\sim65$ ℃宽温运行，使钒电池能够在极端气候条件地区稳定运行；同时，该公司自主研发的全钒和铁铬电解液配方，自有钒粉纯化技术和钒渣提纯技术，可用低纯度钒制备钒电解液，跳过铁铬电解液氯化铬制备的复杂有毒的化工流程，直接使用铬铁矿制备铁铬电解液，使电解液的成本大大降低；该公司的控股子公司液流海公司正在建设全国唯一的连续化电解液生产线，可达6万立方米。

三、系统集成

钒电池储能系统包括电解液输送系统、温控、电力电子设备等辅助单元，核心在于系统设计和集成。其中，电解液输送单元主要由管路、循环泵、控制阀等部分构成，零部件主要为标准化产品，钒电池厂商主要进行管路设计和设备选型；电力电子设备主要包括 BMS、EMS 以及 PCS，通过对电解液流速、温度、电流、电压及辅助部件等参数进行监控来实现储能系统的监测、控制与保护。对于钒电池厂商而言，高可靠性、低成本的系统集成方案，通常需要较长时间积累和实际项目的验证。

主要从以下三个方面突破：一是电池系统的电压问题。钒电池储能系统的电压一般为400～650伏，电压低电流大对 AC/DC 变流器不利，影响变流器的效率和成本。从应用的角度，全钒液流电池储能系统的电压提高到900伏以上。二是钒电池的性能、可靠性和循环寿命，主要取决于电池管理系统的有效性，完善的电池管理系统的建立，在于对全钒电池特性的深入了解，以及对钒电池储能项目应用中出现问题的累积，需要不断进行项目积累和持续验证。三是钒电池电堆不等于锂电池电芯，钒电池系统不等于锂电池集成，而钒电池系统才相当于锂电池电芯，锂电池电芯不可能由锂电池 BMS 电池管理系统厂家来完成，而钒电池系统的 BMS 电池管理系统只能由钒电池企业完成，也对钒电池厂家提出了更高要求。

四、智能制造

钒电池智能制造在摸索中发展，对产业发展起到了推动作用。由于钒电池属于新兴产业，钒电池智能制造还存在挑战和问题，还有很多路要走。一是钒电池厂家在技术、产品成熟度等方面，处于样机定型、生产工艺摸索阶段，未经项目实战验证，是否需要批量化生产、批量化生产后质量是否可控等，对很多钒电池厂家来说是一个挑战，要实现智能化制造尚需时日；二是对设备和生产线供应商来说，缺乏来自钒电池厂家的明确工艺要求，自身也缺乏制造积累，定制化开发对双方都是一种考验，给智能化带来困难；三是智能制造不是简单的机械制造、化工管道集成、电力电子制造等，钒电池是电化学产品，功能性材料的存在使得钒电池产品的一致性以及合格率显得十分重要，要实现智能制造和批量化生产仍需努力。

五、核心材料

开发新一代高性能、低成本的钒电池关键材料技术，包括高离子选择性、高导电性、高化学稳定性、低成本离子传导（交换）膜；高导电性、高韧性双极板；高反应活性、高稳定性、高厚度均匀性、低成本电极材料等。

（一）双极板

双极板作为钒电池的核心材料之一，在保持双极板高致密性、高机械强度、高韧性的条件下，进一步提高双极板的电导性，对于降低电堆的内阻，提高电池的工作电流密度即功率密度具有重要作用。液流电池双极板的未来研究方向应主要集中于相应双极板材料的低成本大规模产业化应用，要从材料选型、电池性能提升到批量化可行性研究等方面突破，推动钒电池发展。一是要在传统双极板方面，要研究具备更高导电性能、更好力学性能、更低接触电阻以及更薄的碳塑复合双极板；二是在双极板流道结构方面，研发与电池匹配良好的新型流道结构是未来的重点研究方向；三是在电极-双极板一体化结构方面，寻找可行性良好的新型一体化电池结构设计及其批量化制备方案，是亟须研究的重点问题。

柔性石墨极板。与氢燃料电池类似，钒电池通常使用石墨/碳基和金属基极板。其中，金属基极板具有高强度、高不透性、导电及导热性较为优异等特点。由于液流电池中使用高腐蚀性的钒电解液，电化学的腐蚀问题严重制约金属基极板的实际应用。相比之下，石墨/碳基极板因其优异的电化学稳定性及高可靠性成为钒电池中的主流技术路线。面对逐步放量的市场，极板的可连续大批量低成本生产，会对技术路径产生严重制约。而柔性石墨极板这一技术路径应用于钒电池将展现出其独特优势与潜力。首先，柔性石墨极板导电性能优异、低接触电阻和高不透性，且有着充足的尺寸减薄空间，使其既能够完美地平衡钒电池对双极板导电性与不透性的要求，又可以满足未来极板的减薄需求；其次，柔性石墨极板相比金属基极板具有良好的耐溶胀和低离子析出特性，能够有效避免电池效率损失、极板结构失稳，以及电解液污染等问题。此外，柔性石墨极板还具备易成型、可连续化大批量低成本生产的特点，能够满足大规模商业化应用需求。

柔性石墨极板的主要工艺流程是将膨胀石墨通过连轧工艺制备成柔性石墨板坯，为了获得符合特定需求的极板结构，在浸渗前对板坯进行二次成型处理。然后采用热固性树脂对成型后的极板进行浸渗处理，确保树脂能够均匀且充分地渗透至极板内部，并对浸渗后的极板进行清洗，以去除表面多余的树脂。通过固化处理，达到封孔及提升极板力学性能的目的，最终获得柔性石墨极板。柔性石墨应用于极板领域最早出现在氢燃料电池之中。该技术路线由加拿大燃料电池制造商 Ballard 公司和美国柔性石墨制造商 Graftect 公司于 20 世纪 90 年代末联合开发，并成功实现在燃料电池中的商业化应用。柔性石墨极板目前主要应用于燃料电池之中，在液流电池中研究和应用较少。

近年来，随着液流电池市场对双极板需求的增长，其研发热度骤然升温，成为液流电池极板领域关注的对象。目前，国内已有部分企业全面开展柔性石墨极板的验证工作。表 4-4 所示为业内某公司所开发的柔性石墨极板经过验证后获得的卓越数据。这些数据凸显了柔性石墨极板在液流电池中的性能优势，展现了其在力学性能、电学性能及可靠性等方面的综合性优势，为柔性石墨极板在液流电池领域的广泛应用奠定了基础。

表4-4　某公司研发钒液流电池柔性石墨极板产品性能数据

测 试 项	单位	数值
液流电池柔性石墨极板厚度	毫米	0.8
厚度均一性	毫米	±0.01
抗弯强度（25 ℃）	兆帕	≥50
抗弯强度（100 ℃）	兆帕	≥35
弯曲模量（100 ℃）	吉帕	≥20
体电阻率	毫欧·毫米	≤16.5
电导率	西门子/厘米	≥600
面比电阻（1兆帕）	毫欧·平方厘米	<5
腐蚀电流密度	微安/平方厘米	<1
透气率（He 100 千帕$_g$）	立方厘米/（平方厘米·秒·帕）	$<5×10^{-12}$
浸泡增重率（1000 小时）	%	≤1
金属/非金属析出（1000 小时）	百万分之一	N.D.

　　结合柔性石墨极板材料的易成型、可减薄特性，液流电池用柔性石墨极板的技术创新方向，可从极板流场一体化成型、电极框与极板流场集成化设计、极板流场结构优化与减薄等多角度深入探索，以提高电池性能、提升功率密度、降低生产成本，推动液流电池技术的进一步发展。

　　第一，流场一体化成型技术将成为柔性石墨极板的重要创新方向。通过材料选型并改进成型工艺，将流场结构直接成型于柔性石墨板，可以有效减少因黏结流场而增加的界面电阻，提高电流传输效率，同时降低生产的复杂性和成本，大幅提高生产效率。第二，电极框与极板流场集成化设计是未来的创新重点。通过将电极框与极板流场进行集成化设计，可以实现更紧凑的电池结构，减少空间占用。同时，以集成化设计消除电极框厚度制约，优化电解液分布，提高电池功率密度。第三，极板流场结构的优化与极板减薄也是提高液流电池性能的关键。通过合理设计流场结构，优化电解液流动路径和分布，减少因流体分配引起的浓差极化。同时，改进极板流场为脊槽对位设计，大幅降低极板厚度，减少极板内阻，提升液流电池功率密度。

　　基于上述创新方向，液流电池用柔性石墨极板相关的未来发展趋势将呈现以下几个主要方向：（1）极板高度集成化与一体化设计；（2）材料选型匹配连续化工艺与设备开发；（3）紧凑型自动化及智能化生产。同时，凭借其出色的力学性能、电学性能及可靠性，柔性石墨极板有望成为钒液流电池技术的关键组成部分，在提高钒液流电池能量密度、功率密度方面发挥重要作用，并有助于降低钒液流电池的生产成本，提升批量化生产能力，满足日益增长的储能需求。

（二）电极（碳毡、石墨毡）

电极的性能与液流电池电堆内的活化极化、欧姆极化和浓差极化都密切相关。提高电极的催化反应活性、导电性以及密度分布和厚度均匀性是高性能电极研究开发的重点。石墨毡多孔电极在钒电池中长期被压缩状态下充放电，容易产生局部的浓差极化造成烧毡现象，出现电极碳纤维丝断裂、表面材料剥落、堵塞电池板框内部流道等现象，需要在石墨毡多孔电极力学性能、抗腐蚀性能、电极改性等方面开展深入研究。

（1）探索新的制备方法。杂原子掺杂电极常规的制备方法如水热法、化学气相沉积等方法需要在高温高压下进行，能量消耗比较大，且掺杂量不可控。因此，低能耗、低成本、可控的杂原子掺杂方法需要不断探索。

（2）开发新的催化剂。通过引入碳基或金属基催化剂可以增强电极的电化学性能，将金属与非金属结合，制备出具有高比表面积、多个催化位点和良好催化性能的新型催化剂，将是未来催化剂研究的主要方向。

（3）合成新型电极。合成复合新型电极具有稳定、廉价的优点，解决碳材料亲水性差、活性位点不足等缺点，将是全钒氧化还原液流电池发展的巨大技术创新。例如静电纺丝技术可用于制备高性能纳米纤维复合材料，将聚丙烯腈、聚丙烯酸酯和聚苯胺与炭黑的混合物静电纺丝成三维独立的纳米纤维网，可作为钒电池应用中的新型电极。

（三）隔膜

膜是钒电池的重要组件之一，膜的主要作用是分离正负极电解液，防止短路或渗透，同时还担负了系统中电荷平衡的作用。隔膜的渗透性、稳定性和生产成本是影响液流电池商业化应用的重要因素。苏州科润新材料股份有限公司是国内较少实现大批量、稳定供应的离子膜生产企业，在膜性能上超越国外品牌，形成领先优势。目前，大连融科、上海电气、伟力得能源、大力电工、国电投等头部钒电池企业，均采用科润膜，国内市场占有率70%左右，代表着国内甚至世界的膜生产水平。

根据科润研究，随着钒电池的大规模建设与规模化发展，必然会带来钒电池的技术演进和成本下降。需要开发新型的高电导率、更高分子量新型磺酸树脂的质子交换膜，提高高电流密度下的能量效率；采用共混增强而非物理增强的方法降低膜的溶胀和离子渗透，提高库仑效率；在质子交换膜表面构筑三维结构，将反应场所从电极扩展到膜表层，提高电解液利用率。同时，膜的成本随着规模化应用和产业链的完善出现较大幅度的下降，助力钒电池整体成本下降。

综合地看，质子交换膜会从以下 6 个方面展开研究和突破：（1）提高全氟磺酸膜质子电导率，减小膜物理电阻，提高电池效率。（2）提高全氟磺酸膜阻隔离子选择性，一方面减少自放电，降低能量损耗；另一方面可以提高电池的安全性。（3）全氟磺酸膜具备较好的保水能力，在吸水后仍然能够维持所需尺寸的稳定性。因为水分子可以加速质子传输，而高度稳定的尺寸则需要膜的溶胀率低，以确保在全氟磺酸膜干湿状态之间无过度膨胀或收缩，避免裂纹和微孔的形成。（4）提高热及化学稳定性，强化电池的抗氧化性和耐酸碱性，保持质子交换膜在复杂工况下性能稳定，以保证电池的使用寿命。（5）提高力学性能，良好的力学性能是质子交换膜组装成电池的重要条件。（6）降低全氟磺酸膜的材料和制造成本，促进全氟磺酸膜的更广泛应用。

液流储能科技有限公司（ENERFLOW），凭借研发技术团队在液流电池电堆关键材料领域持续多年的研究探索，现已掌握非氟多孔型离子传导膜材料的核心制备技术。该公司开发的非氟型多孔型膜材料，具备高电导率与离子选择性、化学稳定性等优势，在实验室以及工程化的测试方面均表现相对良好。该项膜技术方案主要材料为廉价的聚烯烃、聚芳醚酮等有机高分子材料进行制备成膜，制得的多孔膜材料具备较高的孔隙率与亲水性，具备良好的离子传导性，制得薄膜的电导率在 0.3 西门子/厘米以上。同时具有均匀的纳米级的孔径结构，具备良好的离子选择性，可有效阻挡金属离子对的互穿，同时允许 H 质子进行有效的传输，具有较高的离子选择系数，从根本上杜绝了水迁移导致的正负极离子浓度的偏差而存在的容量衰减性问题。该类型薄膜组装的液流电池，具备较高水平的电压效率与电流效率，以及能量效率，2000 个循环以上电池不存在容量衰减与能量效率衰减。在成本降低方面，该非氟型多孔型离子传导膜约为 Nafion NR212 的 1/100，具备显著的成本优势，对推动液流电池的进一步商用化起到关键的作用。液流储能科技有限公司（ENERFLOW）工程化液流电池电堆（16

千瓦/40千瓦/60千瓦功率型号产品）目前已成熟运用自研多孔型离子传导膜或少部分产品采用的全氟磺酸膜，产品综合竞争力居行业内较高水平。

根据研究和欧洲一些国家的应用，离子交换膜出现从阳离子转向阴离子趋势，且更容易获得，从而制造和运行成本降低。据 Fumatech 介绍，全球除中国以外，主流的钒液流电池大部分已经转用阴离子膜 FAP450、FAPQ330。这一现象需要引起国内膜制造厂家和钒电池企业关注和研究。

六、商业模式

钒电池的长时储能和安全特性为钒电池打开了市场空间；建设钒电池储能项目初始投资较大、回收期较长等，又影响了钒电池的商业化进程。伴随钒电池产业发展，旨在解决钒电池商业化过程中遇到的"堵点""卡点"问题，一些商业模式创新，得到重视和关注。2024 年，钒电池在商业化模式方面，即解决业主方和钒电池企业如何赚钱的商业模式方面，将有新进展。

（一）钒电池电站应用场景商业模式

（1）配套储能电站：主要收入来源为收集弃风弃光的上网电价，调节峰谷新能源出力差价，实现储能电站运营利润。

（2）共享储能电站：即集中为新能源装机建设强制性的配套储能电站，以规模化采购、集中施工、共享使用、提高利用率，降低储能电站成本，提高储能电站效益，降低初期投资压力和经营风险，解决储能电站建设的经济性问题。

（3）独立储能电站：独立储能电站作为构网型电力技术设施，在新型电力系统中的主要作用是为电网整体电力调峰，主要收入来自收取调峰服务费。

（4）工商业储能电站：工商业储能电站的主要收入来源为峰谷电价差套利，建设可研期便有了清晰盈利预测和盈利方式预设。

（5）用户储能：用户侧储能主要商业模式为减轻用户用电侧电力负担，配合用户自身负荷曲线和能效优化，减轻用户用电成本，同时也可以起到应急电源的功能。

（二）钒电池采购的商业模式

（1）全设备购买模式：钒电池主要组成部分为电堆系统功率模式和钒

电解液。业主方可以通过购买功率模块，钒电解液采取单独购买或租赁使用的方式，降低初始投资和实现储能获利。

（2）钒电解液租赁模式：在2010年，万里通集团董事长与清华大学王保国教授在《中国科技投资》杂志上首次提出"全钒液流电池电解液租赁模式"，即将钒电解液的使用价值租赁给钒电池业主，用户根据使用量和使用时间支付租赁费用。

强化钒电解液的金融属性，构建规模化的由资源方、生产方、使用方和金融机构等共同参与的钒电解液租赁平台，有望成为打通钒电池商业化运作"卡点"的最有力的措施，并成为钒在非钢领域应用的重要方式。

第三节　成本降低趋势

容量单元对钒电池系统成本的影响，主要体现在储能时长和五氧化二钒价格两个方面。钒电池系统的单位成本，随着储能时长的增加摊薄，体现钒电池在长时储能场景中的比较优势。五氧化二钒作为钒电解液的主要原料，价格波动直接影响到电解液成本，进而影响钒电池系统的造价和投资成本。进一步优化容量单元设计、技术提升以及降低原材料成本，依靠技术进步推动电堆能量密度提高和原材料利用率提升，构建全产业链和加强产业链合作，形成规模效应等，都将助力钒电池降低成本。从时长和钒电解液的制备成本，以及推动钒电池运营创新商业模式的角度看，钒电池的成本降低是大趋势（图4-4）；综合考虑和叠加对钒电解液实施金融租赁等商业模式创新方面带来的对钒电池投资规模的影响，钒电池存在较大的

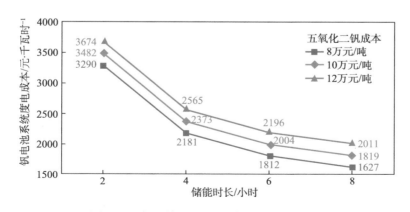

图4-4　容量单元对系统度电成本的影响

降低空间。2024 年，钒电池的成本降低空间，将在商业化运作和企业为追求利润的双向作用下，在满足用户需求和与其他技术路线竞争中加速实现，为产业需求爆发做好准备。

基于 100 兆瓦/400 兆瓦时系统，五氧化二钒成本以价格 9 万元/吨的情况测算为例，见表 4-5。

表 4-5　降本趋势测算

价格趋势项目	2023 年	2025 年	2030 年	年均降幅/%	降 本 逻 辑
容量单元/元·千瓦时$^{-1}$	1169	1109	977	2.5	（1）电解液利用率从 70%提升至 85%，减少电解液使用量； （2）标准化、规模化采购降低材料成本、加工成本
功率单元/元·千瓦$^{-1}$	3388	3201	2704	3.2	（1）提升电流密度，优化电堆结构，减少电堆材料用量； （2）上游供应商充分竞争，发挥规模化降本作用； （3）关键材料的国产化替代，降低采购成本
其他/元·千瓦$^{-1}$	1046	944	731	5	（1）从定制化向标准化转变，发挥规模化降本作用； （2）提高集成度，降低用工、用料成本
系统度电成本/元·千瓦时$^{-1}$	2277	2146	1836	3	——

第四节　工程化应用

工程化应用是在技术原理完成了"从 0 到 1"理论突破后进行的多环节、多层面、多场景的系统开发与实践工作。以此来看钒电池储能技术，其工程化的核心是利用水系溶液中金属钒离子的价态变化，实现能量的可控存储与释放。

工程化的重点。现阶段的钒电池储能系统工程化应用，需要完善和优化以下九个方面的问题：（1）电化学反应的非线性、时变性、温度特性等不可控特性与电力系统需求的即时性、互联性等刚性系统需求的匹配问题；（2）液态介质在系统中反应、传输、储存过程中的密封及安全性问题；（3）相比于传统意义上的电池仅由外部导线串并联构成的电路，液流电池系统工作中同时存在导电电解液传输构成的电路回路，工程化应用中将面对降低液流电路造成的能量损失和抑制该现象造成的副反应的挑战；（4）规模化液流电池储能系统高精度荷电状态算法开发；（5）长期服役预期下关键材料、关键部件、重要管件和电气设备的寿命保证，及上述问题有效加速老化验证方法开发问题；（6）不同自然环境下，关键部件适应性验证，项目现场执行季节性限制问题；（7）关键储能介质电解液批量长距离运输综合物流成本，项目交付成本持续改善；（8）高效、原位电解液状态监测，设备维保等运维成本持续改善；（9）基于关键资源金融属性，技术本征高安全，功率容量解耦特性的长时储能系统应用场景及商业模式开发。

　　工程化的路径。近年来，有很多企业进入钒电池储能领域。从目前的情况看，这些企业主要关注关键材料成本、核心部件开发、市场开发等问题，核心技术团队为化学、材料科学专业人员，而了解规模化工程应用需要解决的问题，对工程化难度做预估、提高效率、优化投资和效果的成员总体缺乏，影响钒电池的工程化应用。此种现象，会为一些企业带来项目"交付难""项目运行维护难"等问题。

　　关于关键材料、零部件的开发和工程化要点大致分为：关键原材料-核心工艺-关键装备-产品四个主要环节。而钒电池作为电化学储能系统，在此基础上还要增加集成技术和应用场景设计两个环节。将以上具体问题和解决环节表格化（表4-6），可以进行问题识别和资源投入，有利于规模化系统应用开发。

表4-6　规模化工程应用需要解决的问题及路径

关 键 问 题	解决路径					
	材料	工艺	设备	集成技术	产品	应用场景
电化学反应的非线性、时变性、温度特性等不可控特性与电力系统需求的即时性、互联性等刚性系统需求的匹配问题	■			■	■	■
液态介质在系统中反应、传输、储存过程中的密封及相关安全问题	■	■		■		
相比于传统意义上电池仅由外部导线串并联构成的电路，液流电池系统工作中同时存在导电电解液传输构成的电路回路。工程化应用中将面对降低液路电路造成的能量损失和抑制该现象造成的副反应的挑战		■		■		

续表 4-6

关 键 问 题	解 决 路 径					
	材料	工艺	设备	集成技术	产品	应用场景
规模化液流电池储能系统高精度荷电状态算法开发				■	■	
长期服役预期下，关键材料、部件、管件、电气设备寿命保证，及上述问题有效加速老化验证方法开发问题	■	■	■	■		
不同应用场景下，电气控制系统与用户调度系统指令信息交互和系统相应动作响应的有效性问题			■	■		■
不同自然环境下，关键部件适应性验证，项目现场执行季节性限制问题	■		■			■
关键储能介质电解液批量长距离运输综合物流成本，项目交付成本持续改善		■		■		
高效、原位电解液状态监测，系统计量设备校准，设备维保等运维成本持续改善			■	■		
基于关键资源金融属性、技术本征高安全、功率容量解耦特性的长时储能系统应用场景及商业模式开发					■	■

储能电站优化方案。当前国内的钒电池储能项目，仍以小容量电池模组（250 千～1000 千瓦）实现大规模储能模式为主，从工程角度来说，这种相对"分散"的模式不利于能量管理。面对客户要求，一种以优化电池模组布局增加储能时长，以及提高能量转化率的设计思路将引起重视。

目前，钒电池的能量转化效率一般为 70%左右，其中仅用于循环电解液的能量就占到损耗的三分之一甚至更高。在面临变流器、控制系统以及电堆本体能量损耗等诸多"硬性"损耗情况下，需要从降低电解液循环能量、优化管路系统以及更为集中的热量管理等方面进行优化，并在实践中逐渐解决。

离心式泵的效率受其水力损失、容积损失和机械损失的影响。大型离心式泵的效率远高于小型离心式泵。经过计算与模拟，合理地扩大单个电池模组的容量，会提高能量转化率。其中，电堆模块堆叠的高度、合理的电解液储罐尺寸、平衡优化管路压力等都需要有科学的计算和优化方案。

扩大电池模组容量以及电解液储罐尺寸，既可增加储能时长，又能降低单位储能的占地面积。就目前钒电池的应用场景来说，增加储能时长和拥有更加灵活的应用场景，是加速其商业化的必然选择。同时，扩大单个电池模组的容量，再通过合理的布局，将会有效提高热量回收、储存、管理、调节的效率；从运维及一次性投资角度上，机泵与储罐数量的降低带来的优势也是不言而喻的。这些在实践中产生的认知和经过产业化验证的经验，也将在钒电池商业化进程中得到实现。

第五节 应用场景开发

有应用方有未来。钒电池产业要满足用户的需求，更要集聚行业力量创造需求。为此，进行应用场景开发，找到高安全需求、最匹配钒电池特点的应用场景，形成独有赛道，对商业化更具实际意义。

一切商业成功都来自需求，拥有满足用户需求的卓越产品是创造需求的根源。钒电池产业的未来，建立在开发出让用户无法拒绝的产品和服务。

近年来，钒电池企业面对迟迟没有到来的市场需求，积极进行应用场景开发与设计，并把目光从国内转向国外，在更广阔的市场寻找最适合钒电池的应用场景，取得积极成果，为钒电池的规模化应用、适合于不同规模企业和用户需要的广泛应用，创造了条件。例如，氢能及氢能-甲醇、氢能-氨产品的产业和产业链不断增长。在以上能源储能过程中，必须使用"绿电"即可再生能源发电，储能必不可少。当前，我国的氢能产业原则上要在化工园区实施，化工园区对本征安全的储能技术，应是钒电池值得深挖的重要场景。2024 年 3 月，北京绿钒与华电辽宁签订铁岭全钒液流电池生产制造基地项目合作协议，为华电辽宁风电离网制氢耦合绿色氨醇一体化示范项目建设 1287 兆瓦风电场、配置 20% 4 小时全钒液流电池储能，标志着钒电池"本征安全储能技术"在风光储氢应用中率先突破，迈出了关键的一步；例如，德海艾科在用户侧的应用实践取得实质性效果。这些应用场景的开发和实践，都充分挖掘了钒电池"本征安全+长时储能"的特点。德海艾科的案例还对电解液租赁带来的成本降低和投资回收期的缩短进行了详细说明，对产业进行应用场景开发和商业化应用提供借鉴，为产业带来了更大的想象空间。

一些国内钒电池企业和熟悉国外需求的企业，依托技术与成本优势、制造能力和渠道优势等，已经瞄准全球市场，为钒电池寻找更为广阔、更大的潜力应用场景，将为中国钒电池产业走出一条有中国特点的发展之路作出贡献。例如，上海电气依托在液流电堆、核心软件及电解液等方面的较强优势，专注核心产品的制造与研发，聚焦核心优势点及海外市场开发，采取与液流电池系统集成商达成紧密合作，进行核心产品／零部件等多方面的技术授权合作，由合作者进行项目开发及系统集成，产品成功打入国际市场，他们的经验和做法值得研究和学习。2024 年，相信国内钒电池企业会加快进入国际市场的步伐，并成为产业的一大亮点和重要成果。

第五章
钒电池主要产业链企业

钒电池主要厂商涉及产业链的上游、中游和下游企业，领域广、厂商多。综合考虑钒电池尚处于产业化的初期阶段，生态圈和产业生态正在形成，制造商具有不稳定性，本报告将简要介绍一些钒电池制造商、钒电解液制造企业和关键材料企业。

一、大连融科储能技术发展有限公司

（一）企业简介

大连融科储能技术发展有限公司（以下简称"融科技术"）成立于2008年，是由大连恒融新能源有限公司和中科院大连化学物理研究所共同设立，专业从事绿色、高效全钒液流电池工业储能装备技术开发、生产制造及大型工业储能电站设计和建造的综合性高新技术企业。大连恒融新能源有限公司的实控企业为大连融科储能集团股份有限公司（以下简称"融科集团"）。融科技术下设大连融科储能装备有限公司（以下简称"融科装备"）。融科集团融科技术及融科装备构成的同心企业群是全球唯一拥有全钒液流电池自主知识产权、全产业链开发和制造能力的服务商，实现了从储能材料到终端产品，到解决方案的全产业链布局。技术水平、市场占有率和产业化规模都处于世界前列，为我国能源转型贡献了一项原创的"中国芯"技术。

（二）企业优势

1. 技术创新方面

大连融科是国家能源局批复的"国家能源液流储能电池技术重点实验室"，国家发改委批复的"国家地方联建液流储能电池技术工程研究中心"，拥有国内外专利 300 多项，建立起自主知识产权体系，是本领域国内外标准主导制定单位，牵头承担国家发改委"揭榜挂帅"项目、国家重点研发计划等国家级重大科技攻关。

2. 产业化方面

融科集团率先实现了全钒液流电池关键材料（钒电解液、双极板）和储能装备的批量化生产。其中全钒液流电池关键材料产业化基地（一期产能 1 吉瓦时）于 2016 年投产，主要生产高性能钒氧化物、钒酸盐、钒电解液等，是全球领先的专业化钒产品生产基地，市场占有率达到 80%以上。全钒液流电池储能装备产业化基地（一期）于 2016 年投产，主要生产高性能系列电堆和全钒液流电池储能成套装备，产能 300 兆瓦/年，是全球首个全钒液流储能电池规模化生产基地。2024 年，电解液产能提升至 2.5 吉瓦时、储能装备产能提升到 1 吉瓦，成为当前全球最大的全钒液流电池储能装备及全钒液流电池关键材料产业化基地。融科储能是目前国内外唯一具备全产业链的钒电池储能系统生产、制造、集成及运维服务能力的钒电池储能系统装备领军企业。

3. 市场应用方面

面向电网调峰、可再生能源并网、智能微电网三大目标市场领域，累计投运全钒液流电池储能系统超过 720 兆瓦时，全球市占率达到 60%，占据绝对领先的市场地位。其中，由大连融科于 2012 年建设的当时全球最大规模的 5 兆瓦/10 兆瓦时钒电池储能系统已成功并网运行已 12 年，是全球运行时间最长的液流电池项目和行业的里程碑，奠定了钒电池作为安全、长寿命技术选择的市场地位，系统至今运行稳定。2022 年 10 月由大连融科承担建设国际上最大规模电池储能电站示范项目——大连液流电池储能调峰电站国家示范项目一期 100 兆瓦/400 兆瓦时建成并开始投运，该项目开启了国内外百兆瓦级钒电池储能项目先河，对探索钒电池的技术模式、商业模式和政策模式具有重大意义。

大连 100 兆瓦/400 兆瓦时液流电池储能调峰电站国家示范项目

（三）主要案例

1. 发电侧

（1）2012 年，融科储能与国网辽宁省电力有限公司共同承担的科技部（863 计划）项目"储能系统提高间歇式电源接入能力关键技术研究与开发"课题，卧牛石风电场 5 兆瓦/10 兆瓦时储能电站并网运行。

（2）2021 年，东方国顺乐甲规划装机 100 兆瓦网源友好型风电场，配套 10 兆瓦/40 兆瓦时网源友好型风电场示范项目投入使用。

（3）2021 年，大唐国际镇海规划装机 100 兆瓦网源友好型风电场示范项目 10 兆瓦/40 兆瓦时全钒液流电池储能站投运。

（4）2021 年，国家电投驼山规划装机 100 兆瓦网源友好型风电场示范项目 10 兆瓦/40 兆瓦时全钒液流电池储能站投运。

（5）2023 年，瓦房店西区"源网荷储"一体化项目配套 30 兆瓦/120 兆瓦时全钒液流电池储能系统采购项目，项目正在建设中。

（6）2023 年，融科储能参与建设中节能察布查尔县光伏发电项目一期 30 万千瓦项目——7.5 万千瓦/30 万千瓦时光伏储能系统采购项目，正在建设中。

2. 电网侧

2022 年，国家级示范项目——大连液流电池储能调峰电站国家示范项目一期项目 100 兆瓦/400 兆瓦时电站已并网运行。一期占地面积 24462.3 平方米；二期工程占地面积约 17000 平方米。

该项目是经中国国家能源局批复建设的世界上最大规模的电化学储能电站示范项目，也是世界上已投运的最大规模的钒液流电池储能电站。该项目的实施，对推进全钒液流电池技术进步和产业发展将产生积极影响，是推进大规模储能在电力调峰及可再生能源并网中的重大尝试，在技术应用模式和商业模式上都具有积极示范和引领意义，将成为世界储能产业发展的重要里程碑，对全球储能产业发展将产生深远影响。

3. 用户侧

2022 年，融科公司参与建设枞阳海螺 6 兆瓦/36 兆瓦时全钒液流电池储能系统采购项目。该项目储能系统利用峰谷电价差采用削峰填谷模式获取电价差收益，最大化地利用了储能电站出力的特性。高峰和尖峰时段采用储能电站为工厂提供补充电能，以储能电站为手段，通过调节企业购电模式，不影响企业生产用电的前提下，节省企业用电费用，实现系统的最大经济性。

安徽枞阳海螺 6 兆瓦/36 兆瓦时全钒液流电池储能系统项目现场

二、北京普能世纪科技有限公司

（一）企业简介

北京普能世纪科技有限公司（以下简称"普能公司"）成立于 2007 年 1 月，是国内第一家以开发商业化大容量储能技术为使命的公司实体，专注于开发基于全钒氧化还原液流电池储能系统（VRB-ESS®）的绿色可持续、长时、长寿命、本征安全的储能解决方案。

普能公司连续 12 年被认证为国家高新技术企业和中关村高新技术企业。作为"十二五"国家"863"计划全钒液流电池储能技术开发重大主题项目牵头单位，曾承担中关村创新基金研究项目、工信部重点产业振兴科技改造项目，和多项液流电池储能技术国家及行业标准的起草工作，是全国电力储能标准化技术委员会委员单位、国际储能技术与产业联盟组织会员单位、国家能源行业液流电池标准化技术委员会委员单位、中关村储能产业技术联盟理事会理事单位等重要储能技术组织的成员。

普能公司已建立了覆盖全产业链的专利体系，包括上游资源、关键材料、核心部件或子系统、系统集成、产品交付、应用及市场等不同层面和方向，为企业的长期可持续发展奠定了基础。

普能公司的第三代兆瓦级全钒液流电池储能系统 Gen 3 VRB MW-ESS® 的核心部件电堆可实现最大功率 75 千瓦，已率先完成中国电力科学研究院第三方检测，并顺利通过 UL 1973 标准规定的各项安全测试，获得 CSA 颁发的 ANSI/CAN/UL 1973 认证证书。与此同时，第三代兆瓦级全钒液流电池储能系统 Gen 3 VRB MW-ESS® 也获得了 UL 1973 认证证书，成为首个同时获得 UL 级别的电堆认证和 UL 级别的储能系统认证的全钒液流电池储能产品。该产品于 2023 年入选工信部全国工业领域电力需求侧管理第五批参考产品名录。

截至目前，普能公司在全球 12 个国家和地区已安装投运项目 70 多个，累计安全稳定运行时间接近 100 万个小时，总容量接近 100 兆瓦时。其中，国家风光储输示范工程一期项目（2 兆瓦/8 兆瓦时）自安装投运以来已稳定运行超 10 年，满足项目规划设计时设定的各项性能指标，充分证明了全钒液流储能技术的安全可靠、循环寿命长等优点。

（二）企业优势

（1）丰富的行业经验。26 年的液流电池技术全球行业知识及全维度、全要素、全场景、全流程的项目经验积累。全球 12 个国家和地区已安装投运项目 70 多个，累计安全稳定运行时间接近 100 万个小时，总容量接近 100 兆瓦时。

（2）从研发到生产的系统保障。采用甲骨文 Agile 系统，妥善管理产品全生命周期的相关资料的各种复杂的技术状态、保存设计人员的开发经验、形成连贯的数据积累和不断丰富的产品技术支持库。目前系统已保存企业运行 16 年的超 4 万份文档数据。

（3）高效可靠的电池管理系统。自主知识产权的电池管理系统及独特的系统平衡管理设计，可保障系统长时间稳定可靠运行。

（4）低成本的钒资源渠道。自有低成本的钒资源生产加工渠道，保证低成本储能系统的供应。

（三）主要案例

（1）张北国家风光储输示范工程项目——2 兆瓦/8 兆瓦时（系统长寿命运行实证经验）

（2）国家光伏、储能实证实验平台（大庆基地）一期工程项目（高寒地区实证经验）。

（3）国家光伏、储能实证实验平台（甘孜基地）二期工程项目（高海拔地区实证经验）。

（4）阳光电源台儿庄电网侧独立储能电站项目（钒锂混合应用项目）。

（5）湖南经研电力设计有限公司项目（高温地区应用实践）。

（6）湖北枣阳用户侧光储用一体化项目（用户侧厂站式实证经验）。

三、承德新新钒钛储能科技有限公司

（一）企业简介

承德新新钒钛储能科技有限公司（以下简称"新新钒钛"），注册资本 1 亿元，位于国家级钒钛新材料高新技术产业化基地，专注大型钒液流电池储能系统领域已达 18 年之久，是国内最早研发钒电池企业之一。公司地处"中国钒谷"——承德，是国内钒钛磁铁矿的主产地之一，公司致力于钒电池及其关键原材料的研发、生产与运营，具有丰富技术资源、人才资源、矿产资源等显著优势。

2006 年开始，集团开始研发钒电池，2009 年与钒电池发明人 Maria 博士进行技术合作，后又与清华大学合作对钒电池关键材料进行研发，形成了较高的技术壁垒，拥有授权专利 15 项，其中发明专利 12 项，参与制定多项行业标准和国家标准，其中颁布实施 7 项。公司拥有高性能低成本钒电池核心材料（双极板、电解液、质子交换膜等）制造、电堆结构及装配、储能系统集成等技术，获得多项发明专利。已并网运行电站两座，多项首台套项目经验。

多年来，新新钒钛致力于对钒电池全产业链的科研攻关，积极参与多项科技课题项目，是"国家 863 项目"实施单位、"国家国际科技合作计划"实施单位、"国家科技支撑计划"实施单位，"河北省液流电池技术创新中心"。

公司被认定为国家科技型中小企业、省高新技术企业、省专精特新企业。入选国家液流电池标准技术委员会成员，主导参与多项国家标准及行业标准的制定。先后荣获国家级科学技术发明奖、中国光储充行业最佳系统集成商品牌奖、中国储能产业最佳储能电池供应商奖。

2023 年，在第十一届河北省创新大赛企业组决赛上，"全钒液流电池-电力银行"项目荣获企业组决赛第一名，同年被评为"中国液流电池企业排名 TOP3"，"联合国工发组织"授予 GC 清洁能源创新赛道三等奖。国家液流电池标准委员会成员，是国内外领先的全钒液流电池企业。产品包括：钒电池储能系统、钒电池原材料（质子膜、双极板）、储能电站运维、电解液租赁等业务。

近年来，公司积极拓展业务，与多家国央企、民企进行合资、合作，产品出口到日本、非洲等地。

（二）企业优势

资源优势：新新钒钛坐落在有着"中国钒谷"之美誉的河北承德，这里的钒资源储量占全球的 15%，全国的 40%，得天独厚的资源优势为钒电池储能产业发展赢得先机。

2006 年，万利通集团成立"钒电池项目部"，从事钒电解液的研发生产。2015 年，成立承德新新钒钛储能科技有限公司，注册资金 1 亿元，专业从事全钒液流电池全产业链材料研发、设备制造、工程建设等业务。已成为液流电池行业中领军企业。

人才优势：承德新新钒钛是国内最早研发钒电池企业之一，公司始终坚持技术创新，采用以自主研发为主，高校合作和客户协助为辅的研发模式，建立了较为完善的技术创新机制，公司员工素质高，从技术研发、行政管理、后勤服务、市场营销和品牌推广等各个部门人才优势显著，超半数的员工学历为本科及以上。

技术优势：公司与清华大学合作，成立了"技术研发中心"，拥有了技术保障；公司于 2009 年起与钒电池发明人新南威尔士大学 Maria Skyllas-Kazacos 博士建立技术合作，后又与清华大学建立产学研团队，在材料技术和系统控制方面联合研发，取得了多项科研成果，其中共同合作开发的"全钒液流电池的离子筛膜与电堆技术"获得国家级技术发明奖。

经过多年励精图治，公司先后攻克了多项钒电池核心技术难关，解决了电堆"漏、堵、高"、能量密度低、流体分布不均等多项瓶颈问题，对电池结构、电堆设计与制造、核心材料质子膜与一体化双极板等关键技术进行源头创新，获得多项国家发明专利。这些技术突破，摆脱了对国外材料的依赖，有力推动了全钒液流电池的国产化进程。

信息优势：公司和清华大学、世界钒电池发明人 Maria Skyllas-Kazacos 博士、日本住友电工多次交流与沟通，建立了国际国内前沿信息共享平台。

政策优势：河北省"十四五"新型储能发展规划中提出"依托承德新新钒钛储能科技有限公司发展全钒液流电池技术研发平台和液流电池检测技术服务中心，加快河北省新型储能技术的示范应用场景建设"；

近年来，公司得到了国家及省、市、区领导的深切关怀，相关领导多次到达企业本部和项目现场进行指导和考察。这些关怀都为企业的发展壮大指明了前进方向。

市场优势：面对国家能源需求转型，新新钒钛积极开拓市场，携手并进，与多家国、央企展开合作，公司先后与河北建投集团、河北地矿集团成立合资公司，与中广核集团、中国大唐集团、中国电建、中国华能、华润新能源、中节能风电、中国电投等企业建立了长期合作关系。

新新钒钛将继续奋勇前行，在承德地区建设 3 吉瓦钒电池自动化生产线，并预计在全国多个战略性城市筹建产能，以应对储能市场井喷式的增长需求。

秉承"坐落在钒钛之都承德，是我们的荣幸；开发利用好钒钛资源，是我们的责任！"理念，新新钒钛已将承德地区丰富的钒资源从传统的"工业味精"，转变为新能源产业中的"储能王者"，实现了产业绿色转型的同时，开拓了国内外、全场景的巨大市场。

（三）主要案例

公司依托全国首座"特殊钒"研发车间，专业从事特殊钒及钒电解液生产，并最早提出了"钒电解液租赁模式"，建成全球首座钒电池展示馆，已成为国内外生产规模、制造技术领先，拥有丰富商业运营经验的"全钒液流电池"生产基地。

2012 年，参与张北风光储输示范工程，承担了国家"863 计划"项目；

2016 年，与冀北电网合作建设 1 兆瓦时光储充一体化项目；

2018 年，中标河北建投森吉图风电场配套 3 兆瓦/12 兆瓦时全钒液流电池风储示范项目，并于 2020 年并网运行，该项目为河北省内首台套风储示范项目；

2023 年，在丰宁县建设规模为 1 吉瓦时的共享储能电站；同年，签署了出口日本的 8 兆瓦时海外户储订单，实现了钒电池出口零突破。

四、上海电气储能科技有限公司

（一）企业简介

上海电气储能科技有限公司是由上海电气集团股份有限公司控股成立的科创型储能平台公司。技术创新方面，公司坚持创新驱动，专注于液流电池关键材料、核心电堆设计、循环系统设计、电池管理控制系统软硬件、系统集成的研发及制造，参与多项国家和行业标准制订，拥有国内领先的液流电池及系统核心知识产权，致力于为客户提供安全、经济、环保的储能装备及全生命周期解决方案，持续增强公司内生动力。公司自主研发和生产的液流电池储能产品，可广泛应用于新能源发电并网、电网侧储能、分布式智能微电网等领域。资本运作方面，公司实施社会化融资战略，已完成三轮社会化融资，累计融资额近 5 亿元，实现近 50 倍价值增长，依托资本不断赋能企业增长，持续做大做强国有资本，增强公司可持续产业化能力。

（二）企业优势

上海电气储能科技有限公司具备液流储能电池关键材料、核心电堆、循环系统、3S 系统（BMS、PCS、EMS）的整体解决方案与实际应用能力，具备从电池系统本体运行、电池系统与电网能量交互、整站智能运行三个层面技术保障储能电站长期可靠性的应用实例，是目前液流电池行业内唯一一家具备 3S 整体解决方案的液流电池储能系统整体解决方案提供商。主要优势：

（1）公司坚持以科技创新驱动发展，为新型电力系统提供高安全、长寿命、低成本的智慧液流电池储能产品及整体解决方案。核心技术方面，公司不断对液流电池关键材料进行研发，全面掌握液流电池关键材料技术；不断优化电堆，已成功开发 5 千瓦、25 千瓦、32 千瓦、45 千瓦、65 千瓦系列电堆，持续突破高电密、高性能电堆技术瓶颈；成功开发移动式电解液容量恢复装置，可作为规模化电站的配套设备，实现大规模电站电解液容量监测和恢复，解决液流电池长期运行容量衰减的问题，提升电站的长期运行性能和可靠性；开发钒铁新体系液流电池，降低储能电站初投成本。

（2）坚持市场导向，持续储能产品的开发与应用技术研究。掌握储能电站设计、集成与运维技术，在智慧储能产品和储能电站集成技术的基础上，形成液流电池智慧储能整体解决方案，成功实施多项市场项目，并持续推动多地百兆瓦液流电池示范项目，推动行业商业化进程。

公司产品应用项目覆盖多个应用场景，覆盖新能源发电并网、电网侧储能、分布式智能微电网等场景，并且已出口到日本、西班牙、澳大利亚等多个海外市场。公司已完成吉林、江苏两地百兆瓦示范项目备案，并继续推进四川、山东等地大型储能电站开发，同时推动工厂智能化、规模化改造，提升产品交付能力，以满足持续增长的下游市场需求。

（三）主要案例

上海电气汕头智慧能源系统配套液流电池储能项目、青海风电场配套液流电池储能项目、国家电投山东海阳液流电池储能项目、华润电力山东鄄城液流电池储能、日本九州液流电池储能项目、西班牙液流储能项目等50 余项千瓦-兆瓦级储能项目。

五、北京绿钒新能源科技有限公司

（一）企业介绍

北京绿钒新能源科技有限公司（以下简称"绿钒能源"）成立于 2022年 10 月，是一家拥有开创性技术的新型储能创新企业。公司专注于本质安全的全钒液流电池储能系统研发、制造和长时储能解决方案的开发和商业化。公司在液流储能产业链多环节中掌握核心技术，同时在产品开发、资源整合、市场开拓等方面进入快速发展阶段。绿钒依托先进的技术及钒资源的整合，可提供低成本的长时储能解决方案，为"双碳"目标贡献力量。

（二）企业优势

资源优势：公司成立之初，获昆仑万维集团 3 亿元人民币的现金投资；总部基地位于北京经济技术开发区，占地近 1000 平方米，具备年产 300 兆瓦/1.5 吉瓦时制造能力；注重钒资源整合，与建龙集团在承德合资成立电解液工厂，保证钒资源稳定供应。

团队优势：北京绿钒核心研发运营团队，长期从事液流电池储能领域的基础研究与产业化工作 10 余年，是最早从事液流电池储能商业化的一线研究团队，见证、参与、推动了国内液流电池储能产业的发展，参与或主导建设了国内外近 50 个钒液流电池储能项目，是国内建设运营项目最多、最有经验的团队之一。

技术优势：北京绿钒已自主开发超高功率电堆及 Vstorage 全钒液流电池储能系统，产品从集成度、可靠性、成本、性能等各方面均处于领先水平。

市场优势：公司在液流储能产业链多环节中掌握核心技术，依托团队积累的行业经验、先进的技术优势，绿钒在市场开拓方面具有先发优势。

（三）主要案例

（1）枣阳市全钒液流新型混合钛酸锂储能电站试点示范项目。项目共分两期实施，一期实现 50 兆瓦/100 兆瓦时，二期扩容至 100 兆瓦/215 兆瓦时。混合储能方案用两种本质安全的储能技术解决了单纯用钒电池成本过高的问题。对探索钒液流电池在混合储能领域中的应用具有重大意义。

（2）华电辽宁能源有限公司风储离网绿氢绿氨绿醇全钒液流储能电站项目。华电辽宁风电离网制氢耦合绿色氨醇一体化示范项目建设 1287 兆瓦风电场、配置 20% 4 小时全钒液流电池储能。

（3）台北市 1 兆瓦/1 兆瓦时调频辅助项目。该项目为 1 兆瓦/1 兆瓦时全钒液流储能系统，主要包含 1 兆瓦电池模组、液路系统、集装箱、电池管理系统（BMS）和连接电缆等辅材及施工调试服务等。

（4）国网浙江省电科院的多种储能实验装备项目。北京绿钒为浙江省电科院的多种储能实验装备项目提供一套 100 千瓦级全钒液流电池储能系统，用于多种储能技术的特性及耦合应用研究。

（5）丽江 300 兆瓦/1.8 吉瓦时电网侧调峰项目。

（6）新疆北屯绿色源网荷储一体化项目。

六、液流储能科技有限公司

（一）企业简介

液流储能科技有限公司是全球领先的液流电池储能系统解决方案提供

商。公司始终专注于液流电池关键核心技术研发，为电网侧、发电侧、用户侧客户提供安全、长时、耐用、绿色的一站式新型储能解决方案。主营业务包括液流电池储能系统的设计、建设、运维、系统回收及融资租赁等。目前，公司投资建设的多个兆瓦级项目已经顺利运行。

（二）企业优势

作为全球液流储能行业领跑者，是国内仅有同时掌握全钒和铁铬两大液流电池关键技术的企业，已获得数十项核心发明专利。公司产品核心材料自研自产，产品具有安全性高、循环寿命长、充放电特性好、残值回收高、对环境友好等特点。同时，公司掌握硫酸基和盐酸基两大全钒液流电池体系，其中在国内首创的盐酸基全钒液流电池体系在$-35\sim65℃$宽温域下性能表现优异；通过自研核心膜材料和短流程电解液工艺，降低电堆/电解液成本；公司拥有十余年新能源行业经验，深耕新型储能行业，致力于引领行业打通产业链和搭建生态圈，已在山东、内蒙古、新疆、青海等多地构建起集电堆、电解液和系统集成于一体的全产业链布局。已与中国电气装备集团、山东海化（000822.SZ)、亚星化学（600319.SH）等央企和上市公司建立牢固的联盟合作关系。

（三）主要案例

目前已建成项目：
山东海化1兆瓦/4兆瓦时盐酸基全钒液流电池储能电站；
中核郯城1兆瓦/4兆瓦时全钒液流电池储能电站；
华电莱城1兆瓦/6兆瓦时铁铬液流电池储能电站；
国家电投集团诸城1兆瓦/6兆瓦时液流储能示范项目。
正在建设中的项目：
山东潍坊市高新区100兆瓦/400兆瓦时全钒液流电池储能示范项目；
台儿庄台阳二期1兆瓦/2兆瓦时全钒液流电池储能电站。

七、四川天府储能科技有限公司

（一）企业介绍

四川天府储能科技有限公司是一家技术领先的全钒液流电池储能解决方案提供商。公司拥有国内国际一流的液流电池研究团队，专注于液流电池及大型储能的基础研究与产业化研究，以产品研发为核心，掌握了高性能电极、电堆制造、模组集成、电解液制备、自动化产线搭建等多项核心技术。是一家集生产制造、销售、服务于一体的高新技术企业。现公司已获得 4500 万元天使轮融资。公司目标：引领新一代低成本高性能的全钒液流储能电池全面市场化，为新能源行业的快速发展提供储能保障，为智能电网建设提供有力支持，为社会可持续发展及"碳达峰、碳中和"目标贡献科技力量。

公司自主研发 128 千瓦全钒液流电池电堆产品群相

（二）企业优势

公司专注于液流电池及大型储能领域的基础与产业化研究，产品研发为核心驱动力，已掌握高性能电极、电堆制造、模组集成、电解液制备以及自动化产线搭建等核心技术；

科研团队具备国内外一流水平，成员背景涵盖多个学科领域，理论研究领先，工程经验丰富；

攻克多项全钒液流电池的技术瓶颈，拥有多项核心技术专利，并不断将研发成果转化为实际产业应用，实现产业化落地；

荣获了多项领域奖项，其中自主研发的 128 千瓦全钒电池电堆已获国际权威机构 SGS 认证，技术实力和产品品质得到证明；

多样化经营模式，包括但不限于：电堆供应、模组集成、电解液供应、自动化设备供应以及技术合作等，以满足不同客户的需求；

提供多样合作模式，如合作打造全新品牌、提供单堆或整套储能系统供应等，所有模式均致力于提供个性化服务和专业化售后支持。

目前已落地的项目均运行稳定，持续为客户提供优质服务。

（三）主要案例

2023 年为四川化工集团提供电堆 250 千瓦；

2023 年为河北建投集团提供兆瓦级模组集成；

2023 年为东方电气提供 120 千瓦/480 千瓦时全钒液流电池储能系统；

2023 年为东方电气提供 120 千瓦/240 千瓦时光储充示范项目储能系统；

2023 年为河北建投提供兆瓦级模组检测平台，可同时检测 2 兆瓦模组；

2024 年为邢台某企业提供 2500 立方米高性能电解液；

2024 年为承德某企业 EPC 自动化集成线搭建，年产能 200 兆瓦；

2024 年为河北某企业提供电解液制备工艺及系统研究项目，年产能 10000 立方米电解液；

……

后续在建及意向订单达 100 兆瓦。

八、江苏美淼储能科技有限公司

（一）企业简介

江苏美淼储能科技有限公司（以下简称"美淼储能"）是由美淼科技和中科双碳研究院等多家单位发起成立的新能源储能应用研发科技型公司，总部位于江苏省常州市。公司致力于钒电池电堆及其关键材料、电控系统和储能装备的研发和批量化制造，通过不断推进电堆优化和电控系统的产品研发，改进现有技术以达到钒电池的降本增效，助力新能源储能发展。

公司秉承着安全、稳定、极致、创新的理念，致力于成为绿色安全的钒液流储能系统整体方案解决商，打造全球领先的全钒液流电池产业链，为以新能源为主体的新型电力系统提供高安全、长寿命、大规模的全钒液流电池储能产品与服务，构造更安全的绿色电网。

（二）企业优势

美淼储能集聚以产业端、市场端、资源端为核心的管理经验丰富的经营团队。创始人及其核心研发团队拥有近二十年相关产业经验，基于美淼科技电化学实验室技术支撑，拥有钒电池及其关键部位核心专利。美淼储能自主或联合研发了电解液短流程低成本制备、湿法提钒、一体化全焊接封装、电解液失衡控制等技术，通过布局优质钒矿，自建电解液厂，建设双极板材料生产基地，自主研发电堆及 VRBMS 控制系统，使全供应链更加稳定可靠，品质更加自主可控。

（三）主要案例

公司目前在手订单规模超 800 兆瓦时，其中石家庄项目为国内最大全钒液流独立共享储能电站项目，总投资 16.8 亿元。同时，储备订单规模已超过 30 亿元，订单通常在两年内交付确收。

（1）金隆新材料化工厂储能应用项目：

规模：125 千瓦/500 千瓦时；

地点：江苏省常州市；

功能价值：化工厂微电网储能、新能源消纳。

（2）邵阳共享储能电站项目：

规模：50 兆瓦/200 兆瓦时；

地点：湖南省邵阳市；

功能价值：电网调峰、电力供应保障、新能源消纳。

（3）石家庄独立共享储能电站项目：

规模：100 兆瓦/800 兆瓦时；

地点：河北省石家庄市；

功能价值：电网调峰、容量租赁。

九、四川伟力得能源股份有限公司

（一）企业介绍

四川伟力得能源股份有限公司成立于 2004 年，是一家在配电设备、电能质量、用电节能领域提供整体解决方案的国家级高新技术企业。公司自 2016 年转型发展进入全钒液流电池储能领域，先后在四川、新疆、宁夏、甘肃等多地布局了数字化工厂，现已发展成为集研发、生产、销售、运维于一体的储能装备制造领先企业。

伟力得公司多年来始终深耕于电力能源领域，锚定行业前沿技术，秉持敢为天下先的发展理念。为响应国家能源战略发展需求，着眼大规模、长时储能全钒液流电池，公司已搭建行内专家博士组成的顶尖顾问团队，拥有百余项自主核心知识产权，掌握全球首创的电堆激光焊接封装工艺、1500 千瓦功率单元集成技术、可焊接一体化双极板标准制程，且实现全产业链关键材料自主可控，作为液流电池标委会成员单位在行业内已起到引领作用。

（二）企业优势

四川伟力得能源股份有限公司总部位于四川乐山国家级高新技术产业开发区，公司注册资本 13957.7 万元。公司旗下拥有乐山伟力得能源有限公司、乐山创新储能技术研究院有限公司、乌鲁木齐伟力得科技有限公司、宁夏伟力得绿色能源有限公司、甘肃伟力得储能电池有限公司等全资子公司及云南合普光能科技有限公司等参股公司。

公司自 2016 年由输配电业务转型全钒液流电池业务以来，坚持以"用科技创新让电能储存更安全"为使命，致力于成为"全球大规模储能领军企业"，现已发展成为全钒液流储能系统设计、研发、生产、销售、服务于一体的行业领先企业，在钒电池关键材料研发，自动化电堆制造，兆瓦级光伏侧全钒液流电池储能电站建设与运营，吉瓦级全钒液流电池制造等领域独占鳌头。公司先后荣获国家高新技术企业、全国燃料电池及液流电池标准化技术委员会委员单位、国家知识产权优势企业、四川省企业技术中心、四川省"专精特新"中小企业、四川省服务型制造示范企业、四川省知识产权运营中心全钒液流电池产业中心等荣誉称号。

1. 持续创新力争技术领先

四川伟力得高度重视科研创新，拥有业内专家博士组成的顶尖顾问团队，参与多项国家标准及行业标准的制订，拥有自主知识产权百余项，其中自主研发的大功率液流电池激光焊接全密封技术、智能化电堆生产线等多项核心技术均属行业领先。公司围绕全钒液流电池的产品研发和系统设计，与清华大学、电子科技大学、四川大学、西南交通大学、吉首大学、中国科学院金属研究所、机械工业北京电工技术经济研究所等多所知名高校和研究院所开展全钒液流电池电堆技术与储能系统设计、用于全钒液流电池系统的再平衡技术研发等技术研发、验证、应用推广等多项科研工作，形成了产学研用协同创新平台，建立了完整的研发体系。公司已成为拥有从上游关键核心组件材料生产技术（如可焊接碳塑双极板、高性能导流板等）、中游大功率液流电池电堆新型激光封装技术、下游大规模储能多电源互补与控制系统技术，再到储能电站建设与运维技术的一体化大规模储能科技领先企业。

2. 智能制造树立行业标杆

公司已在四川、新疆、宁夏、甘肃等多地布局数字化工厂，产品研发采用数字化设计，产线规划采用数字化建模与精益布局相结合的方式，生产全制程采用公司自主研发的 MES 系统控制，实现对全国各生产基地的制造过程、质量管理、物料投入、加工工时的全面管控和追溯，建立了产品生产的闭环管理机制和分析追溯能力，同时结合业财一体化管理的 ERP 系统和集团化、模块化架构的 OA 系统，打造了领先的精益化、数字化、智能化工厂。公司是全球少数拥有吉瓦级产能的液流电池研发制造公司，能有效支撑新型电力系统，为"双碳"目标实现保驾护航。"十五五"期间，公司规划产能 5 吉瓦，规模位居行业领先。

3. 开疆扩土斩获市场份额

在市场开拓方面，公司凭借着领先的市场战略，在四川、新疆、宁夏、甘肃、云南、内蒙古等多地建立了覆盖全国的营销网络，并与合作伙伴一起逐步搭建覆盖全球的营销网络。通过多年的努力，公司取得了一系列显著的成就，拥有多项国内兆瓦级以上项目业绩，产品成功出口到欧盟国家。

（三）主要案例

（1）位于新疆阿克苏市阿瓦提县 3 兆瓦/9 兆瓦时光伏侧储能示范项目的并网投运。该项目是新疆 2019 年五个光伏储能政策示范项目之一，也是当时全国规模最大的光伏侧钒电池储能电站。

新疆阿瓦提 3 兆瓦/9 兆瓦时光伏电站光储联合项目储能

（2）2023 年公司中标中核汇能全钒液流电池框架采购合同，项目规模达到 250 兆瓦/1 吉瓦时，合同范围包含全钒液流电池储能系统所需全套设备的供货、储能厂房的土建施工、储能系统设备的安装、调试、培训等技术服务，一期项目 50 兆瓦/200 兆瓦时项目于 2023 年启动，预计 2024 年建成并网发电。

中核汇能全钒液流电池项目发货现场

十、四川省江油润生石墨毡有限公司

（一）企业简介

四川省江油润生石墨毡有限公司位于江油市工业园第四批冶金机械产业园 3 号、4 号厂房，占地面积 9000 平方米，建筑面积 700 平方米，从业人员 70 余人，主要生产储能电极材料及高温真空炉用碳材料。公司一直从事碳材料生产研发，自 2011 年开始研发储能石墨毡，生产的初代储能石墨毡成为国内首批替代国外电极石墨毡产品，到如今，公司 10 多年专注液流电池电极材料生产研发，在液流电池电极材料生产上有着独特的生产工艺和丰富的项目经验。

公司为总经理负责制，下设采购部、销售部、生产部、质量技术部、财务部、研发部等部门，建立了一套完整的管理体系，力求为客户提供全套高效优质的合作体验。

公司集研发、生产于一体，自主设计研发了多条生产线，其中公司的连续碳化炉及自主研发的连续石墨化炉改变了传统的间隙炉生产方式，实现了石墨毡的连续化生产，提高了产品稳定性及批次一致性，在产品品质上实现了创造性的突破。

储能石墨毡（液流电池电极）是公司的主导产品，公司自主研发的石墨毡连续生产线及活化设备和工艺，使产品性能大幅提升，电池性能稳定，在大电流密度下长期充放电无衰减，已在国内、国外储能行业树立了良好的口碑，囊括了国内大多数主要用户及国外一些用户。

（二）企业优势

公司致力于液流电池电极研发生产，自主研发生产设备，搭建了电池测试平台，根据产品测试性能调整不同的生产工艺，从而不断升级产品性能，保证产品性能优良且稳定。

公司研发液流电池电极已十余年，积累了丰富的经验，了解各个用户对液流电池电极性能的不同需求，针对不同用户及不同种类液流电池对电极的不同要求，总结了一套完善的生产工艺，并且得到了国内外各个液流电池生产厂家的一致认可。

（三）主要案例

公司从事液流电池电极生产多年，参与国内外众多液流电池项目，其中包括全钒液流电池、全铁液流电池、铁铬液流电池、钠盐储能电池等。

十一、四川骏瑞碳纤维材料有限公司

（一）企业简介

四川骏瑞碳纤维材料有限公司是一家集科研、开发、生产于一体的碳纤维相关产品的高科技企业，公司占地 30000 余平方米，标准化厂房 25000 余平方米，年产能 300 万平方米的生产能力。

主要产品有各种液流电池用毡及半导体与光伏行业各种高温高纯炉用高纯石墨毡。公司产品质量可靠，受市场热烈追捧，市占率领先同行，执行 ISO 9001:2015 质量管理体系，被四川省评为守信誉重合同企业，国家级高新技术企业和专精特新企业。

自 2008 年成立以来一直重视研发投入，并与国内外高校、企业合作对产品的更新提升，在 PAN 基、黏胶基、沥青基纤维的各项性能持续投入研究，建立一套完整产品体系，产品达到国际先进水平。2021 年加大研发液流储能石墨毡，通过研发团队攻坚创造一套独特生产技术。经过不断测试与工艺提升，从原材料开始，严格控制生产过程与出厂检验，专业的裁切与包装保证产品完美交付客户。公司产品在国内市场拥有较高声誉，同时出口欧美、东南亚等，深受好评。

公司注重以人为本，本着"以市场为导向，以质量求生存，以科技促发展"的经营理念，竭诚为客户提供优质产品，力争将碳素材料产业做大做强，牢固树立"骏瑞"品牌意识与用户共进共赢，共创美好明天。

（二）企业优势

公司战略规划明确，长期合作能力强劲，致力于液流电池电极研发生产。

优良自主研发与生产能力，独立的生产工艺，高性能制毡设备，专业测试平台，层层升级生产工艺，稳步提升的产品性能。工艺先进，成本低，具备快速扩产优势，为液流电池发展提供质优价廉电极。

独特制造工艺，大大提高液流通过性和正负离子交换能力，产品厚度均匀，电化学性能稳定，电阻低，长期充放电过程中能量效率无衰减。

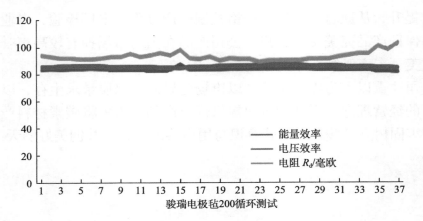

骏瑞电极毡200循环测试

（三）主要案例

多年来，公司协同国内外液流电池进行各种规格各种原料的电极毡产品，在各种工况试用，获得很好效果。电极毡装入国内外不同企业的全钒液流电池、全铁液流电池、铁铬液流电池、有机液流和锌空气电池等，使用效果得到客户认可。

十二、郑州天一萃取科技有限公司

（一）企业简介

郑州天一萃取科技有限公司成立于 2012 年，公司注册资本 3601 万元，是一家集萃取工艺研发和新型萃取设备研发、生产和销售于一体的高新技术企业，国家级"专精特新"小巨人企业，河南省"瞪羚"企业。累计申请专利 92 项，参与制定行业标准 1 项，制定企业标准 1 项。

公司现有员工160人，其中，研发团队近50人；公司总部及研发中心面积5000平方米，包括萃取设备研发中心、萃取应用研究中心和工程技术中心，拥有萃取中试线3条，萃取放大示范线1条，基础研究分析与检测中心1个。生产车间总面积10000平方米，年生产加工离心萃取设备能力10000台。

公司各系列设备及技术服务在湿法冶金、精细化工、磷化工、有机酸、盐湖资源开发、新能源、污水处理、高纯超纯材料（关键金属、生物材料）等领域得到广泛应用，在稳定性、处理量、节能效果、耐腐蚀性等方面达到国内外同类产品领先水平。

公司始终坚持"以市场为导向，以客户为中心，不断满足客户需求，为客户创造价值，降低风险"的经营理念，致力于为客户提供全方位的"液液混合与分离解决方案"，以"设计更完美、选材更合理、控制更精准、运行更节能、操作更人性化"的产品为客户提供优质的服务。

国家高新技术企业

国家级专精特新"小巨人"企业

河南省"瞪羚"企业

（二）企业优势

公司始终秉持"天一萃取，成人成已"的价值理念，坚持自主创新与合作共赢"双轮驱动"的发展思路，主动融入科技创新网络，积极利用科技创新资源，全方位加强科技创新合作，与哈尔滨工业大学（威海）、北京有色金属研究总院、郑州大学、中南大学、中国科学院等多家科研院所和高校建立有长期共赢的合作关系。

先后被认定为河南省萃取装备与应用工程技术研究中心、河南省服务型制造示范企业、河南省知识产权优势企业；荣获"河南省科学技术进步奖二等奖""中国有色金属工业科学技术奖一等奖"、河南省"顶尖人才团队"等奖项或荣誉。

公司的离心萃取短流程提钒技术工艺，针对传统钒电解液制备过程复杂、成本高、安全环保等问题，通过"预处理-萃取-深度净化"流程，实现钒与杂质的深度分离，制备出高纯度的钒电解液产品。结合新型萃取设备CWL-M系列离心萃取机的优势，整个钒提取系统具有产品品质稳定，环境友好（系统密封），自动化程度更高。

（三）主要案例

在湿法冶金和关键金属材料领域里，特别是在钼、锂、铍、钒、钛、锆、铪、钽、铌分离纯化、镍钴提取等新材料领域建立了具有影响力的标杆应用项目，并取得良好的应用效果。部分应用案例如下图。

某钒电解液制备现场　　　　某关键金属现场　　　　某含锂溶液提锂现场

后　　记

构思虽久，决定编制《中国钒电池产业发展报告 2024》（以下简称《报告》）则是在今年三月草木萌动的时节。前后两月有余，很少有人相信能够拿出《报告》，还要在 5 月 24—26 日举办的钒电池天府论坛上发布。我们倍感压力大、责任重大。但是，我们坚持一贯的理念是，说了的事情，就要努力做到，并要努力做好。

回顾这不足百日的时光，辛苦自不必多说；能够完成，得益于得到太多帮助和信任。相信相信的力量，感谢之情，油然而生。

没有国家发改委产业司、相关省市和国家钒钛产业联盟成员单位的大力支持，就难以办成这件产业大事；没有联盟成员及相关钒电池和产业链上下游企业的积极参与和鼎力相助，这件产业大事就难以办好。

如果说这是一件干得漂亮的事儿，漂亮背后是集思广益和钒电池产业的集体付出。"团结就是力量"。当我们将诚征《中国钒电池产业发展报告 2024》承担单位和专家的招募通知发出后，揭榜人纷至沓来，短短两日各篇章便名花有主。那一刻，我们兴奋又感动！

他们是大连融科储能技术发展有限公司王晓丽，大连海事大学马相坤，四川大学罗冬梅，西南石油大学李星，国家电投集团西南能源研究院有限公司詹巍，北京普能世纪科技有限公司赵延龄，江苏美森储能科技有限公司沈敏、张锋，液流储能科技有限公司孙杨东、于冲，上海亚化工程咨询有限公司常青龙，上海众氢新能源科技有限公司陈刚，上海皓以科技有限公司苏沙沙、谭华，艾博特瑞能源科技（苏州）有限公司冯勇，新能源与新材料投资人金健，中国电子系统工程第四建设有限公司张立超，四川省工业和信息化研究院卢辰，中钠储能技术有限公司何铸，中冶赛迪工程技术股份有限公司孔大明等。他们每个人都很忙，但都很信守承诺，按照计划，在极短的时间内完成"命题作文"，汇聚到一起，成为我们拭目以待的《报告》。

还要特别鸣谢上海电气储能科技有限公司、北京绿钒新能源科技有限公司、四川天府储能科技有限公司、北京普能世纪科技有限公司、承德新新钒钛储能科技有限公司、四川省江油润生石墨毡有限公司、四川骏瑞碳纤维材料有限公司、郑州天一萃取科技有限公司等单位的大力支持。他们的加入，让人们可以看到产业前行的脚步，让《报告》充满灵动，使《报告》按时呈现。

在《报告》定稿的最后时刻，国家钒钛产业联盟顾问严川伟先生，为《报告》的完善和提高，提出了很多建设性意见；王晓丽、黄绵延、刘胜男、金健等守灯熬夜，在《报告》付印前一天，还在关键问题上精雕细琢，承担了"把关人"的重要任务，让我们对《报告》有了些许自信和底气；我的同事张琼文，作为《报告》编制的"总管"，操了太多的心。在此向他向他们以及更多的领导和同仁致以诚挚谢意。

经过全体参编者的共同努力，《中国钒电池产业发展报告 2024》定于 2024 年 5 月 25 日在 2024 钒电池天府论坛上发布，与大家见面。这是一个值得庆祝的日子，荣誉属于大家！在论坛上，很多专家将为中国钒电池产业发展奉献了真知灼见，虽然很多内容难以纳入《报告》，但是我真诚地认为，专家的建议和意见是《报告》的重要组成部分，将在助力中国钒电池产业发展中发挥重要作用。

四川省钒钛钢铁产业协会的文琳、段明华、张家成、张莉，攀钢集团成都钒钛资源发展有限公司的杨雄飞，上海钢联电子商务股份有限公司的黄佳音、施佳，四川伟力得能源股份有限公司的朱晓星，西南石油大学的郭秉淑，液流储能科技有限公司的刘新冬，中冶赛迪工程技术股份有限公司的邓黎，艾博特瑞能源科技（苏州）有限公司的张庶、郝子龙等，也为《报告》的顺利完成作出了贡献，在此一并感谢。

为了撰写好《报告》，我们做了大量深入的调研。调研对象包括国家发改委产业司和相关省市的资源、发改、经信、科技等部门，钒钛资源富集地的政府和钒钛及钒电池龙头及产业链优势企业、高校和科研院所等，他们为《报告》贡献了产业智慧。调研地包括四川攀枝花市、凉山州和内江市，河北承德市，新疆哈密市、喀什地区，辽宁省朝阳市，调研的企业包括四川发展（控股）公司、大连融科、北京绿钒、北京普能、新新钒钛、液流储能、天府储能、上海骐杰、宿迁时代、美森储能等。大家的支持让

《报告》有了高度和指导性，也让《报告》很接地气，有着十足的现场感和互动感。感谢各级政府和相关企业的大力支持和帮助。

经过多次调研，在分析产业和编制《报告》时，我们深刻地认识到，中国钒电池产业有如旭日东升，金光灿烂，前景广阔，蕴含着巨大的发展空间；钒电池作为战略性新兴产业和充满希望的新质生产力，一定能大有作为。

特别感谢冶金工业出版社的朋友，一直"包容"和接受我们。我们没有给他们足够的编辑时间，此书的"加班"程度超出以往，没有他们的倾力支持和无私奉献，《报告》不会这么快就摆在读者面前。

就在《报告》即将付印之际，4 月 30 日，四川省经济和信息化厅等 6 部门印发了《促进钒电池储能产业高质量发展的实施方案》。《实施方案》立足发挥四川省清洁能源可开发潜力大、钒钛产业基础较好的优势，提出了开展应用试点示范、强化技术自主创新、扩大钒制品生产供给、推动产业降本增效、加快打造产业集群、培育完善标准品牌等六项重点任务。四川省创新出台了全国首个钒电池产业专项政策。这是钒电池产业的好消息，为《报告》的出版与发布营造了更好的氛围，赋予了更大的意义。

谨以此书感谢支持和帮助我们的领导和作者，献给正在蓬勃发展的中国钒电池产业，献给所有为中国钒电池产业奋力前行的人。

吉广林

2024 年 4 月